边学边练

Photoshop

基础与实例全科教程
中文版

凤舞 编著

北京日报出版社

图书在版编目（CIP）数据

中文版 Photoshop 基础与实例全科教程 / 凤舞编著
. -- 北京：北京日报出版社,2016.6（2018.5 重印）
ISBN 978-7-5477-1282-5

Ⅰ．①中… Ⅱ．①凤… Ⅲ．①图象处理软件－教材
Ⅳ．①TP391.41

中国版本图书馆 CIP 数据核字(2016)第 023334 号

中文版 Photoshop 基础与实例全科教程

出版发行：北京日报出版社
地　　址：北京市东城区东单三条 8-16 号　东方广场东配楼四层
邮　　编：100005
电　　话：发行部：（010）65255876
　　　　　总编室：（010）65252135
印　　刷：北京京华铭诚工贸有限公司
经　　销：各地新华书店
版　　次：2016 年 6 月第 1 版
　　　　　2018 年 5 月第 2 次印刷
开　　本：787 毫米×1092 毫米　1/16
印　　张：14.25
字　　数：349 千字
定　　价：35.00 元（随书赠送光盘一张）

内 容 提 要

　　本书是一本 Photoshop 基础与实例相结合的教程，通过边学理论、边练实例的方式，对软件进行了详细的讲解，最后通过大量的商业实战作品演练，让读者快速成为设计高手。

　　本书结构清晰、内容丰富，还附赠了长达 300 多分钟的视频讲解，适合 Photoshop CS3 的初、中级读者，以及标识、相片、卡漫、包装、产品、海报和房地产等行业的设计人员使用，同时也可作为各类计算机培训班、大/中专院校、高职高专学校的学习教材。

软件简介

中文版 Photoshop CS3 是 Adobe 公司开发的图像处理软件，它集图像处理、文字编辑和高品质输出于一体，现已被广泛应用于平面广告、书籍装帧、包装设计、DM 广告、企业 CI、POP 广告、UI 设计和插画设计等领域，是目前世界上优秀的平面设计软件之一。

本书内容

本书共 15 章，通过理论与实践相结合，全面、详细、由浅入深地介绍了中文版 Photoshop CS3 的各项功能，并通过大量的商业实例练习，让读者的实战能力更上一层楼。

全书站在读者的立场上，共分为三大部分：边学基础、边练实例和商业实战。

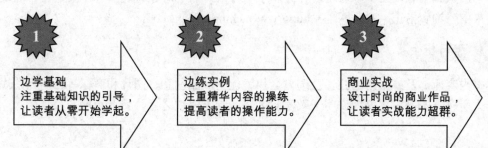

边学基础
注重基础知识的引导，
让读者从零开始学起。

边练实例
注重精华内容的操练，
提高读者的操作能力。

商业实战
设计时尚的商业作品，
让读者实战能力超群。

第一部分："边学基础"部分注重基础知识的引导，让读者没有压力，轻松从零开始学起。本部分主要包括了解 Photoshop CS3 工作界面、创建与编辑选区、图像的描绘处理、调整图像颜色、图层与文字、路径与形状、通道、蒙版与滤镜等，让读者快速掌握基础知识以及该软件的核心技术与精髓。

第二部分："边练实例"部分注重精华内容的操练，以实战为主，提高读者的实际操作能力。本部分通过练习制作美女换装、花形相框、绿色相框、透明水泡、彩色边框、完美肌肤、五彩飞虹、天外飞仙、情景相衬等实例，让读者在实践中巩固理论知识，快速提升制作与设计能力。

第三部分："商业实战"部分注重读者在职场的实际应用，帮助读者掌握各种平面设计知识，技压群雄。本部分通过标识设计、照片处理、卡漫设计、包装设计、产品造型设计、海报设计、杂志广告设计和房地产广告设计等时尚商业案例，将专业和商业融为一体，涵盖了实际商业设计中的各个领域，向读者展现了 Photoshop CS3 的核心技术与平面造型艺术的完美结合。

本书特色

本书与市场上其他同类书籍相比，具有以下几点特色：

（1）新手易学

本书内容明确定位于初学者，书中内容完全从零开始，进行由浅入深的讲解，遵循读者的学习心理，让读者易懂、易学。

（2）边学边练

本书最大的特色是边学边练，通过学习基础掌握理论知识，然后通过练习实例来实现对软件的熟练运用，最后通过商业实战成为设计高手。

（3）视频教学

本书将"商业实战"大型实例的制作过程制作成视频，共 24 个，长达 300 多分钟，这些视频都是经过作者反复操作、多次录制才成功的，为的是给读者提供更好的学习手段，学有所成。

适合读者

本书语言简洁、图文丰富，适合以下读者使用：

第一类：初级人员——电脑入门人员、在职或求职人员、各级退休人员、各大中专院校、各高职高专学校、各社会培训学校以及单位机构的学习教材与辅导教材等。

第二类：工作人员——报纸、杂志、汽车、房产、卡片、CI、DM、插画等各行各业的设计人员等。

售后服务

本书由凤舞编著，由于编写时间仓促和水平有限，书中难免有疏漏与不妥之处，欢迎广大读者来信咨询和指正，联系网址：http://www.china-ebooks.com。

版权声明

本书内容所提及或采用的公司及个人名称、优秀产品创意、图片和商标等，均为所属公司或个人所有，本书引用仅为说明（教学）之用，绝无侵权之意，特此声明。

编　者

目录
Contents

第 1 章 初识 Photoshop CS3

随着计算机科学技术的发展，平面设计已成为人们生活中不可缺少的事物，而 Photoshop 是平面设计领域里应用最广泛的软件之一，其最大的特点是将创意、设计和制作三合一。运用 Photoshop 可以制作各种车身广告、灯箱广告、店面招贴，以及大型的户外广告、各类书籍和杂志的封面、精美产品的包装、电影海报等，还可以制作许多梦幻般的特殊效果。

1.1 边学基础

通过本章的学习，读者可以了解到有关 Photoshop CS3 的基础知识。其主要内容包括 Photoshop CS3 的应用范围、位图与矢量图、常用文件格式和图像颜色模式等，下面将分别进行介绍。

1.1.1 Photoshop CS3 简介

Photoshop 是优秀的图像处理软件，是每一位从事平面设计、网页设计、影像合成、多媒体制作和动画制作等专业人士必不可少的工具。

随着数码相机的普及，越来越多的摄影爱好者开始使用 Photoshop 来修饰和处理照片，从而大大拓宽了该软件的应用范围和领域，使 Photoshop 成为一款大众化的图像处理软件。

Photoshop CS3 作为 Photoshop 软件的最新版本，与早期版本相比，增加了很多新的功能，为用户提供了更广阔的创作空间。图 1-1 所示即为使用 Photoshop CS3 设计的两个平面作品。

图 1-1 平面设计作品

1.1.2 Photoshop CS3 应用范围

如今，平面设计逐步渗入人们生活的每一个角落，并呈现出多元化趋势，涉及范围也越来越广。Photoshop CS3 的应用范围大致包括：视觉效果创意、图像处理、网页制作、平面广告制作、艺术文字设计及室内效果图后期处理等几个方面。

1．视觉效果创意

视觉创意是创意与设计艺术的一个分支，Photoshop CS3 为广大设计爱好者提供了广阔的空间。因此，越来越多的设计爱好者开始学习该软件，并使用它进行具有特色的视觉创意。图 1-2 所示即为两幅风格迥异的视觉创意作品。

2．合成图像文件

Photoshop CS3 具有强大的图像合成功能，可以将原图像进行艺术性合成，使其变得更为美观。图 1-3 所示即为使用 Photoshop CS3 进行图像合成的平面作品。

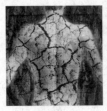

图 1-2　视觉创意作品　　　　　　　　图 1-3　合成图像作品

3．制作网页效果

网络的普及成为人们需要掌握 Photoshop 的一个重要原因，因为在制作网页时通常需要使用 Photoshop 制作、优化和处理图像。Photoshop 在网页制作中起着不可替代的作用。图 1-4 所示即为使用 Photoshop CS3 制作的网页效果。

图 1-4　网页作品

4．制作平面广告

平面广告领域是 Photoshop 应用最为广泛的领域，无论是书籍封面，还是电影、海报和招贴，大多是使用 Photoshop 制作而成的。图 1-5 所示即为使用 Photoshop CS3 制作的平面广告作品。

5．设计艺术文字

使用 Photoshop CS3 可以使很普通、很平常的文字产生艺术效果，从而使图像更加精美。图 1-6 所示即为使用 Photoshop CS3 制作的艺术文字作品。

图 1-5 平面广告作品

图 1-6 艺术文字作品

6. 室内效果图后期处理

随着房地产行业的飞速发展，室内、外效果图的绘制也成了一个蓬勃发展的新兴行业。其中，效果图主要使用三维软件制作，而图中的人物、配景及场景的整体或局部色彩则一般使用 Photoshop 来添加或调整。图 1-7 所示即为使用 Photoshop CS3 处理后的室内效果图。

图 1-7 室内效果图

1.1.3 位图与矢量图

计算机中的图像类型可以分为两种——位图和矢量图。使用 Photoshop 可以处理位图图像，也可以处理绘制的矢量图形。下面将分别介绍这两种类型图像的特点。

1. 位图

位图，又称点阵图，由众多不同颜色的像素点组成。由于系统在保存位图时存储的是图像中各点的色彩信息，因此，这种图像画面细腻，但存储文件较大，又因为其和分辨率有很大的关系，因此，将位图的尺寸放大到一定程度后，图像会失真。图 1-8 所示即为一幅放大显示前后的位图图像。

2．矢量图

所谓矢量图，是指由一系列线条构成的各种图形，其元素称为对象。大多数情况下，矢量图形由多个对象堆砌而成，并且各个对象都是由许多复杂的数学公式表达出来的。矢量图形的内容以线条和色块为主，存储文件较小，且矢量图可以很容易地进行放大和缩小等操作，其边缘不会出现模糊现象，可以保持良好的光滑性，并在整体上保持图形不变。图 1-9 所示即为一幅矢量图形放大前后的效果。

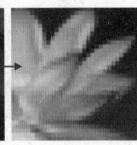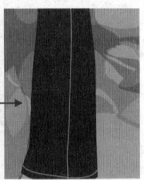

图 1-8　放大显示前后的位图图像　　　　图 1-9　矢量图放大前后的效果

1.1.4　Photoshop CS3 常用文件格式

Photoshop CS3 中常用的文件格式有 PSD、TIFF、GIF、JPEG、PDF 和 EPS 等，下面分别对它们进行介绍。

1．PSD 格式

PSD 格式是 Photoshop 专用的文件格式，它能保存图像数据的每一个细节，而且支持所有颜色模式（位图、灰度、双色调、索引颜色、RGB、CMYK、Lab 和多通道等）。PSD 格式可以保存图像中各图层的效果和相互关系，还可以保存图像中的辅助线及 Alpha 通道，从而为再次调整和修改图像提供了方便。

2．TIFF 格式

TIFF 格式是一种通用的位图图像格式，几乎所有的绘图、图像编辑和排版软件均支持该格式，而且相互之间不会存在很大的差异。TIFF 文件格式能够保存通道、图层及路径，从这一点上来说，该格式与 PSD 格式区别不大。

3．GIF 格式

由于 GIF 格式文件可以通过 LXW 方式进行压缩，因此被广泛应用于通信领域和 HTML 网页文档中。GIF 格式文件中只有 256 种颜色，因此，将原 24 位图像优化成为 8 位的 GIF 格式文件时，会导致颜色信息的丢失。

4．JPEG 格式

JPEG 格式能够大幅度地减小文件的大小，但是由于该功能是通过有选择地删除图像数据实现的，所以图像会有一定程度的失真，因此，在制作印刷制品时最好不要使用这种格式。JPEG 格式支持 RGB、CMYK 和灰度颜色模式，不支持 Alpha 通道。

5．PDF 格式

PDF 格式文件中可以同时包含矢量图形和位图图像，是一种灵活的、跨平台、跨应用程序的文件格式。PDF 支持 RGB、CMYK、灰度和位图等多种颜色模式。另外，PDF 文件中可以包含电子文件格式，而且已成为无纸办公的首选文件格式。

6．EPS 格式

EPS 格式文件中可以同时包含矢量图形和位图图像，采用 PostScript 语言进行描述，几乎所有的图形、图表和排版软件都支持该文件格式。EPS 格式支持 Photoshop 中所有的颜色模式，但不支持 Alpha 通道。

1.1.5 图像的颜色模式

图像的颜色模式有多种，如 RGB 颜色、CMYK 颜色及位图模式等，下面对主要的颜色模式进行介绍。

1．RGB 颜色模式

RGB 颜色模式是 Photoshop 默认的颜色模式，该模式下的图像由红（R）、绿（G）和蓝（B）3 种颜色按不同比例混合而成，也称真彩色模式。该模式的成色原理如图 1-10 所示。

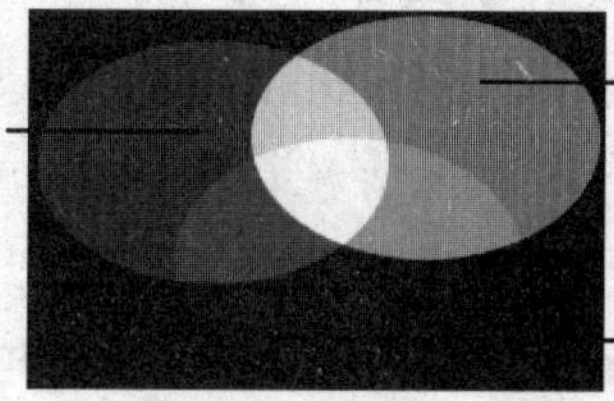

图 1-10　RGB 颜色模式成色原理图

RGB 颜色模式为彩色图像中每个像素的 R、G、B 颜色分配一个 0~255 范围的强度值，一共可以生成超过 1 670 万种的颜色，因此，该模式下的图像色彩非常鲜艳、丰富。用户还可以通过不同的颜色通道对 RGB 模式的图像进行处理，从而也增强了图像的可编辑性。由于 R、G、B 三种颜色混合将产生白色，所以 RGB 颜色模式也称为"加色"模式。

2．CMYK 颜色模式

CMYK 颜色模式是工业印刷的标准模式。若要打印输出 RGB 等其他颜色模式的彩色图像，一定要先将其转换为 CMYK 模式。

CMYK 颜色模式下的图像由 4 种颜色组成，分别为青（C）、洋红（M）、黄（Y）和黑（K），每一种颜色对应于一个通道（即用来生成 4 色分离的原色），如图 1-11 所示。由于 C、M、Y 三种颜色混合将产生黑色，所以 CMYK 颜色模式也称为"减色"模式。但是混合后的黑色并不是纯黑，为了产生纯黑色的印刷品颜色，便将黑色加入其中，并且还可以借此减少其他油墨的使用量。

3．位图模式

位图模式的图像也叫做黑白图像或 1 位图像，因为它只使用两种颜色值，即黑色和白色，来表现图像的轮廓，并且黑白之间没有灰度过渡色，所以此类图像占用的存储空间非常小。

若要将一幅彩色图像转换为位图图像，应先单击"图像"|"模式"|"灰度"命令，将其转换为灰度模式，然后再单击"图像"|"模式"|"位图"命令，在弹出的如图 1-12 所示的"位图"对话框中设置位图的分辨率及转换方法，最后单击"确定"按钮即可。

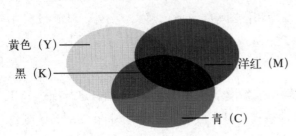

图 1-11　CMYK 颜色模式　　　　　　　　图 1-12　"位图"对话框

"位图"对话框中主要选项的含义如下：

➲ 输出：用于设置转换为位图模式的图像的分辨率。

➲ 使用：用于选择转换为位图模式的方法。

4．索引模式

索引模式又称为映射模式。与 RGB 和 CMYK 模式不同，索引模式依据一张颜色索引表来控制图像中的颜色。在该颜色模式下图像的颜色最多为 256 种，且图像文件较小，大约只有同条件下 RGB 模式图像的 1/3，大大减少了文件所占用的存储空间。该模式图像常用于多媒体动画或网页制作中。

对于任何一幅索引模式的图像，单击"图像"|"模式"|"颜色表"命令，将弹出"颜色表"对话框，如图 1-13 所示。在该对话框中，用户可根据需要应用系统中自带的颜色或自定义颜色。

图 1-13　"颜色表"对话框

其中，"颜色表"下拉列表框中包含了"自定"、"黑体"、"灰度"、"色谱"、"系统（Mac OS）"和"系统（Windows）"6 个选项，除了"自定"选项外，选择其他任意选项后，都会出现与之相对应的颜色排列。

5．双色调模式

双色调模式是使用 2~4 种彩色油墨创建双色调（两种颜色）、三色调（3 种颜色）和四色调（4 种颜色），以达到彩色效果。

想要得到双色调模式的图像，应先将其他模式的图像转换为灰度模式，然后单击"图像"|"模式"|"双色调"命令，弹出"双色调选项"对话框（如图 1-14 所示），从中设置所需类

型和油墨的颜色，并单击"确定"按钮即可。

"双色调选项"对话框中主要选项的含义如下：

⊃ 类型：在该下拉列表框中包括"单色调"、"双色调"、"三色调"和"四色调" 4 个选项，用户可根据需要进行选择。

⊃ 油墨：根据所选类型的不同，油墨选项也会有相应的变化。例如，若选择"单色调"选项，

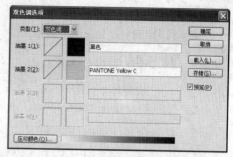

图 1-14 "双色调选项"对话框

则只有"油墨 1"选项呈可用状态；若选择"双色调"选项，则"油墨 1"和"油墨 2"选项呈可用状态；若选择"三色调"选项，则"油墨 1"、"油墨 2"和"油墨 3"选项呈可用状态；若选择"四色调"选项，则 4 个油墨选项均呈可用状态。

6. 多通道模式

将 CMYK 模式图像转换为多通道模式后，可创建青、黄、洋红和黑 4 个专色通道；将 RGB 模式图像转换为多通道模式后，可创建红、绿、蓝 3 个专色通道。当用户从 RGB、CMYK 或 Lab 模式的图像中删除任意一个通道后，该图像自动转换为多通道模式。多通道模式中可以包含多个灰阶通道，多通道模式图像对特殊的打印十分有用。

1.2 边练实例

要熟悉一款软件并尽快上手，最好的方法是边学边练，将基础理论与实例应用有机地结合在一起，这样才能做到融会贯通，学有所成。本节将重点介绍 Photoshop CS3 中的一些基本操作。

1.2.1 启动和退出 Photoshop CS3

安装完 Photoshop CS3 后，系统将自动在"开始"|"所有程序"菜单中添加 Photoshop CS3 菜单项。下面介绍启动和退出 Photoshop CS3 的操作方法。

1. 启动 Photoshop CS3

启动 Photoshop CS3 的方法主要有 3 种，分别如下：

⊃ 双击桌面上 Photoshop CS3 的快捷方式图标。

⊃ 单击"开始"|"所有程序"|Adobe Design Premium CS3 | Adobe Photoshop CS3 命令，如图

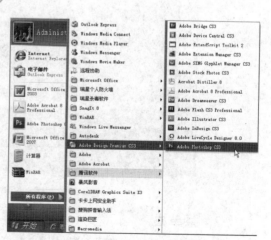

图 1-15 从"开始"菜单启动 Photoshop CS3

1-15 所示。

⮕ 双击电脑中任意一个扩展名为 psd 的图像文件。

2．退出 Photoshop CS3

退出 Photoshop CS3 的方法主要有以下 3 种，分别如下：

⮕ 标题栏：单击 Photoshop CS3 工作界面中标题栏右侧的"关闭"按钮✖。

⮕ 菜单命令：单击"文件"|"退出"命令。

⮕ 快捷键：按【Alt＋F4】组合键。

1.2.2　了解 Photoshop CS3 工作界面

熟悉工作界面是使用 Photoshop CS3 的基础。Photoshop CS3 的工作界面主要由标题栏、菜单栏、属性栏、工具箱、调板和图像窗口等组成，如图 1-16 所示。下面分别对其中的各组成部分进行介绍。

1．标题栏

标题栏中主要显示当前应用程序的名称及程序窗口控制按钮。其中，窗口控制按钮从左至右依次为"最小化"按钮▬、"向下还原"🗗（"最大化"🗖）按钮和"关闭"按钮✖，分别用于最小化窗口、向下还原窗口（最大化窗口）和关闭窗口。

图 1-16　Photoshop CS3 的工作界面

2．菜单栏

菜单栏中包括"文件"、"编辑"、"图像"和"图层"等 10 个菜单，如图 1-17 所示。用户可以通过各个菜单中提供的菜单命令，完成对图像的各种处理操作。

3．属性栏

属性栏主要用于对当前所选工具的属性参数进行调整。当选取某个工具后，属性栏即可显示相应的工具属性。图 1-18 所示即为套索工具 的属性栏。

文件(F) 编辑(E) 图像(I) 图层(L) 选择(S) 滤镜(T) 分析(A) 视图(V) 窗口(W) 帮助(H)

图 1-17　菜单栏

图 1-18　套索工具属性栏

4．工具箱

默认状态下，Photoshop CS3 的工具箱位于图像窗口的左侧，其中包含了该软件中的常用工具，可用于绘图和执行相关操作。在工具箱中，许多工具的右下角带有一个小三角形，表示其为工具组，该工具按钮中还有被隐藏的工具选项。图 1-19 所示即为修复画笔工具组中隐藏的工具选项。

5．调板

调板是一种非常重要的辅助作图工具，其具有功能强大、使用灵活的特点。图 1-20 所示即为 Photoshop CS3 中默认显示的调板。调板的主要功能是帮助用户编辑和处理图像，用户可以根据需要显示、隐藏或重新组合各种调板，或调整各个调板的位置。

6．图像窗口

在 Photoshop 中，图像窗口是显示、绘制和编辑图像的主要区域。另外，用户可以同时打开多个图像窗口。

图像窗口是一个标准的 Windows 窗口，可以对其进行移动、调整大小、最大化/还原、最小化和关闭等操作。图像窗口的标题栏，除了显示当前图像文档的名称外，还显示了图像的显示比例、色彩模式等信息，如图 1-21 所示。

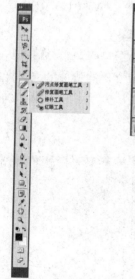

图 1-19　工具箱

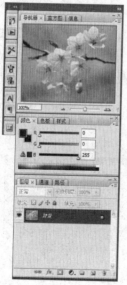

图 1-20　默认显示的调板

图 1-21　图像窗口

1.2.3 新建和打开文件

在使用 Photoshop CS3 进行绘图和图像处理前，应先了解新建和打开图像文件的基本操作方法。下面将进行详细介绍。

1．新建文件

在 Photoshop CS3 中，图像窗口是绘制或处理图像的区域。如果将编辑或处理图像理解为绘图，那么新建文件就相当于选择一张纸，需要绘制多大的图像，就要创建相应的"画纸"。

新建文件的方法有 3 种，分别如下：

⊃ 菜单命令：单击"文件"|"新建"命令。

⊃ 快捷键：按【Ctrl+N】组合键。

⊃ 双击：按住【Ctrl】键的同时，在图像窗口外的灰色区域中双击鼠标左键。

执行以上任何一种操作，都会弹出"新建"对话框，如图 1-22 所示。设置所需的参数后，单击"确定"按钮即可。

"新建"对话框中主要选项的含义如下：

⊃ 名称：在此文本框中可以输入新建图像文件的名称。

⊃ 预设：在此下拉列表框中可以选择该程序提供的预设尺寸，其中包括 25 种不同的文件尺寸。如果选择"自定"选项，则可以直接在其下方的"宽度"和"高度"文本框中输入所需的文件尺寸。

⊃ 分辨率：在新建文件高度和宽度不变的情况下，分辨率越高，图像质量越好。在其右侧的下拉列表框中可以选择度量单位，如像素/英寸或像素/厘米。若新建的图像文件仅用于屏幕浏览或网页制作，则设置分辨率为 72 像素/英寸即可。若创建的图像文件用于印刷或进行平面设计时，则分辨率应设为 300 像素/英寸。

⊃ 颜色模式：在该下拉列表框中可以设置新建文件的颜色模式，一般选择"RGB 颜色"选项。若创建的图像文件用于印刷，则应选择"CMYK 颜色"选项。

⊃ 背景内容：该下拉列表框用于设置新建文件的背景色。如选择"白色"选项时，创建的文件背景为白色，如图 1-23 所示；若选择"透明"选项，新建文件的背景呈透明状态，如图 1-24 所示。

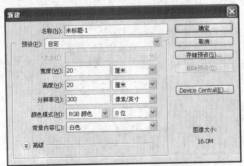

图 1-22 "新建"对话框

图 1-23 白色背景

图 1-24 透明背景

2. 打开文件

打开文件的方法主要有 3 种,分别如下:

⮞ 菜单命令:单击"文件"|"打开"命令。

⮞ 快捷键:按【Ctrl+O】组合键。

⮞ 双击:在 Photoshop CS3 工作界面图像窗口外的灰色区域双击鼠标左键。

执行以上任何一种操作,都会弹出"打开"对话框,如图 1-25 所示。从中选中目标文件后,单击"确定"按钮即可。

"打开"对话框中主要选项的含义如下:

⮞ 查找范围:查找所需图像文件存放的位置,即其所在的驱动器或文件夹。

图 1-25 "打开"对话框

⮞ 文件名:显示要打开的图像文件的名称。

⮞ 文件类型:选择要打开的图像文件的格式,若选择"所有格式"选项,则将相应位置的全部文件都显示在该对话框中。

1.2.4 保存和关闭文件

当编辑好图像文件后,需要对其进行保存并关闭。下面将介绍保存和关闭文件的方法。

1. 保存文件

保存文件的方法有 4 种,分别如下:

⮞ 菜单命令 1:单击"文件"|"存储"命令。

⮞ 菜单命令 2:单击"文件"|"存储为"命令。

⮞ 快捷键 1:按【Ctrl+S】组合键。

⮞ 快捷键 2:按【Ctrl+Shift+S】组合键。

若编辑好的文件是第一次保存,执行以上任何一种操作,都会弹出"存储为"对话框,如图 1-26 所示。从中设置好相应的参数后,单击"保存"按钮即可。

"存储为"对话框中主要选项的含义如下:

⮞ 保存位置:用于选择保存文件的位置(即文件夹、硬盘驱动器或网络驱动器)。

⮞ 文件名:为要保存的文件设置一个名称。该名称可以由英文、数字或汉字组成,但能包含特殊符号,如星号(*)、半角问号等。

⮞ 格式:为文件选择一种存储格式,默认存储格式为 PSD 格式。为方便日后对图像文件进行编辑或修改,应使用 PSD 格式进行保存。

⮞ 作为副本:选择该复选框,可以将其作为源文件的副本进行保存。

⮞ 图层:选择该复选框,将保留图像中的所有图层。若取消选择该复选框,则所有图层将合并后进行保存。

● 专色：决定是否在保存图像时保存"专色"通道。如果图像中没有"专色"通道，则该选项呈不可用状态。

● Alpha 通道：决定是否在保存图像的同时保存 Alpha 通道。如果图像中没有 Alpha 通道，该选项以灰色显示。

● 使用校样设置：工作中的 CMYK：决定是否使用检测 CMYK 图像溢色功能。仅当要存储的图像为 PDF 格式时，该设置项才可用。

● ICC 配置文件：设置是否在保存图像的同时保存 ICC Profile 信息，以保证图像在不同显示器上所显示的颜色一致。

图 1-26 "存储为"对话框

2．关闭文件

关闭文件的方法有 4 种，分别如下：

● 菜单命令：单击"文件"|"关闭"命令。

● 快捷键 1：按【Ctrl+W】组合键。

● 快捷键 2：按【Ctrl+F4】组合键。

● 标题栏：单击标题栏右侧的"关闭"按钮。

若要将打开的多个文件同时关闭时，可以使用以下 3 种方法，分别如下：

- 菜单命令：单击"文件"|"全部关闭"命令。
- 快捷键1：按【Ctrl＋Alt＋W】组合键。
- 快捷键2：按【Ctrl＋Shift＋F4】组合键。

课 堂 总 结

1．基础总结

Photoshop 是平面图像设计中应用最广泛的软件之一，它功能强大、操作便捷，具有较强的灵活性。

通过本节基础理论的学习，读者应对 Photoshop 的应用范围有所了解，并熟悉 Photoshop CS3 的基本操作与图像格式等，从而为以后学习 Photoshop CS3 奠定基础。

2．实例总结

要创作出优秀的作品，首先要熟练掌握有关软件的基本操作，从而才能高效地使用软件。通过对本章的学习，读者应熟悉 Photoshop CS3 的工作界面，掌握启动和退出 Photoshop CS3 应用程序的方法，学会新建、打开、保存和关闭文件的操作方法。

课 后 习 题

一、填空题

1．Photoshop 默认的文件格式是＿＿＿＿＿＿格式。

2．Photoshop 的应用范围很广，可分为视觉效果创意、图像文件处理、＿＿＿＿＿＿、＿＿＿＿＿＿、艺术文字设计和室内效果图后期处理等。

3．Photoshop 常用的文件格式有 GIF 格式、＿＿＿＿＿＿格式、＿＿＿＿＿＿格式、TIFF 格式、EPS 格式和 PDF 格式等。

二、简答题

1．简述位图与矢量图的区别。

2．简述图像颜色模式的分类。

三、上机题

1．练习使用 Photoshop CS3 新建文件的基本操作。

2．练习使用 Photoshop CS3 关闭单个或多个文件的基本操作。

第 *2* 章　创建与编辑选区

利用 Photoshop 进行图像编辑时，选区是最重要、最常用的辅助手段。简而言之，选区就是一个限定操作范围的区域，如果图像中存在选区，则大部分操作都将被限定在选区内。本章将介绍创建与编辑选区的操作方法。

2.1　边学基础 ➡

在 Photoshop 中创建选区的方法有多种，如使用选框工具、套索工具、魔棒工具、"色彩范围"命令、蒙版和通道等。编辑选区的操作也有很多，如移动选区、扩展选区、反向选区、羽化选区、收缩选区和变换选区等。

2.1.1　利用选框工具、套索工具创建选区

利用选框工具和套索工具创建选区是 Photoshop CS3 中最常用、最基本的方法。选框工具包括矩形选框工具、椭圆选框工具、单行选框工具和单列选框工具，利用这些选框工具可以创建出规则的选区。套索工具包括套索工具、多边形套索工具和磁性套索工具，使用它们可以创建不规则的选区，下面分别进行介绍。

1.　椭圆选框工具

选取工具箱中的椭圆选框工具 ，在图像窗口中按住鼠标左键并拖动鼠标，至适当位置后释放鼠标，即可创建一个椭圆形选区，如图 2-1 所示。利用椭圆选框工具也可以创建正圆形选区，绘制的方法是：按住【Shift】键的同时，在图像窗口中按住鼠标左键并拖动鼠标，即可创建一个正圆形选区，效果如图 2-2 所示。

图 2-1　创建的椭圆形选区　　　　　　　　图 2-2　创建的正圆形选区

当用户使用椭圆选框工具创建选区时，除了使用拖曳鼠标的方法外，还可以通过属性栏创建选区。具体操作方法是：选取工具箱中的椭圆选框工具，在工具属性栏中的"样式"下

拉列表框中选择"固定大小"选项，并在其右侧的"宽度"和"高度"数值框中输入相应的数值，然后在图像窗口中单击鼠标左键，即可创建相应大小的选区。图 2-3 所示为椭圆选框工具属性栏，从中选中"消除锯齿"复选框，可防止绘制的椭圆形选区周围出现锯齿。

| ◯ ▾ | ▣ ▣ ▣ ▣ | 羽化: 0 px | ☑ 消除锯齿 | 样式: 固定大小 ▾ | 宽度: 64 px | ⇄ | 高度: 64 px | 调整边缘... |

图 2-3　椭圆选框工具属性栏

椭圆选框工具的属性栏中有 4 个按钮，分别是"新选区"按钮 ▣、"添加到选区"按钮 ▣、"从选区减去"按钮 ▣ 和"与选区交叉"按钮 ▣。"新选区"按钮的作用是，在窗口中每次只允许创建一个选区，且当创建新选区时，先前创建的选区会被取消；"添加到选区"按钮的作用是，可以在同一图像文件中创建多个选区，可以按叠加累积的形式创建多个选区；"从选区减去"按钮的作用是，在已存在的选区减去当前绘制的选区形状，如果新绘制的选区与原选区没有重合的区域，将不会发生任何变化；"与选区交叉"按钮的作用是，它可将已有选区与当前绘制的选区相交的部分显示出来。

> 在绘制选区时，同时按住【Shift】键，可临时切换至"添加到选区"状态，此时在图像窗口中绘制选区时，可以获得多个选区；若同时按住【Alt】键，可临时切换至"从选区减去"状态，此时在图像窗口中绘制选区时，可以取得减少选区的效果；若同时按住【Shift＋Alt】组合键，可临时切换至"与选区交叉"状态，此时可以取得两个选区的交叉部分。

2. 矩形选框工具

矩形选框工具 ▢ 用于创建矩形选区，选取工具箱中的矩形选框工具，在图像窗口中按住鼠标左键并拖动鼠标，至合适位置后释放鼠标，即可创建一个矩形选区。如果在拖曳鼠标时同时按住【Shift】键，即可创建一个正方形选区。利用矩形选框工具创建的长方形选区和正方形选区如图 2-4 和图 2-5 所示。

图 2-4　创建的长方形选区

图 2-5　创建的正方形选区

3．单行选框工具

利用单行选框工具，可以精确创建水平向上 1 像素高的矩形选区。使用单行选框工具创建选区的方法非常简单，只需选取单行选框工具，并在图像窗口中单击鼠标左键即可，效果如图 2-6 所示。

4．单列选框工具

单列选框工具与单行选框工具创建选区的方法类似。使用单列选框工具，可以精确创建 1 像素宽的矩形选区，效果如图 2-7 所示。

> 使用单行选框工具或单列选框工具创建选区时，其属性栏中的羽化值必须为 0，否则将不能创建选区。

5．套索工具

选取工具箱中的套索工具，将鼠标指针移至图像窗口中的适当位置，按住鼠标左键并拖动鼠标，至适当位置后释放鼠标，即可自由创建选区，选区范围完全由用户控制。套索工具属性栏与椭圆选框工具属性栏相似，使用套索工具可绘制出任意形状的选区。图 2-8 所示即为利用套索工具选择图像后的效果。

图 2-6　创建的单行选区　　　　图 2-7　创建的单列选区　　　　图 2-8　选择图像后的效果

> 使用套索工具创建选区时，若鼠标指针没有回到起始位置，释放鼠标后，选区会自动闭合，完成选区的创建。因此，在使用套索工具创建选区时，应注意拖曳鼠标至合适位置后再释放鼠标。

6．多边形套索工具

使用多边形套索工具可以创建三角形、多边形和五角星等多边形选区，它非常适合于选择边缘为直线的图像。图 2-9 所示为使用多边形套索工具选择图像后的效果。

7．磁性套索工具

磁性套索工具是一个智能化的选区工具，它会自动对鼠标指针经过的地方进行分析，并快速地选择边缘较光滑且对比度较强的图像，从而快速创建出需要的选区。图 2-10 所示为使用磁性套索工具选择人物图像后的效果。

图 2-9　选择图像后的效果　　　　　图 2-10　选择图像后的效果

2.1.2　利用魔棒工具、"色彩范围"命令创建选区

利用魔棒工具和"色彩范围"命令创建选区时，可以对图像中颜色相同或相近的区域进行选取，并对该选区进行编辑处理。下面将分别进行介绍。

1. 魔棒工具

选取工具箱中的魔棒工具 ，后，其属性栏如图 2-11 所示。

图 2-11　魔棒工具属性栏

魔棒工具属性栏中主要选项的含义如下：

⊃　容差：在该文本框中可以输入 0～255 之间的数值来确定选取范围。

⊃　消除锯齿：设定所选区域是否消除锯齿。

⊃　连续：选中该复选框，表示只能选择与单击鼠标处相连且具有相同像素的区域；若取消选择该复选框，则能够选中符合该像素要求的所有区域。

⊃　对所有图层取样：选中该复选框后，可在多个图层间进行取样。

魔棒工具依据颜色构建选区，使用魔棒工具在某一种颜色上单击鼠标左键，即可一次性选中与该点相连或不相连，且在容差范围内的颜色。用户在使用魔棒工具进行选择时，可反复选取，直到满意为止。通过设置"容差"的大小，可以调整所要选择颜色的范围。图 2-12 所示为使用魔棒工具选择图像背景颜色后的效果。

图 2-12　使用魔棒工具选择背景颜色后的选区

2．色彩范围

单击"选择"｜"色彩范围"命令，将弹出"色彩范围"对话框，如图 2-13 所示。从中用户可指定颜色的选择范围，并可以通过指定多种颜色来增加或减少选区。"色彩范围"命令的工作原理与魔棒工具的工作原理基本相同，但功能上有所区别：使用"色彩范围"命令可以一次性从图像中选择多种颜色，而魔棒工具一次只能选择一种颜色。图 2-14 所示为使用"色彩范围"命令创建的选区。

图 2-13　"色彩范围"对话框　　　　图 2-14　使用"色彩范围"命令创建的选区

2.1.3 利用蒙版、通道创建选区

通过蒙版创建选区是构建选区的一种非常有效的方法，另外，通道也可以创建选区。下面将分别讲解使用蒙版和通道创建选区的方法。

1．使用蒙版创建选区

蒙版比"色彩范围"命令更具有弹性，它能够在通道中修改和编辑选区，且便于查看结果。在创建选区时，有时由于所要选择的对象较为复杂，或者其颜色与相邻对象的颜色比较接近，从而很难精确定义选区范围，此时可以使用蒙版创建选区。

2．使用通道创建选区

若要将某一个通道作为选区载入，可在"通道"调板中选择所需通道，然后单击该调板底部的"将通道作为选区载入"按钮 ○，将所选通道转换为选区。另外，还可以单击"选择"｜"载入选区"命令，利用弹出的"载入选区"对话框载入相应的选区，如图 2-15 所示。

图 2-15　"载入选区"对话框

"载入选区"对话框中各选项的含义如下：

- ➲ 文档：用于选择目标通道的图像文件名。
- ➲ 通道：选择所需的通道，即选择载入哪一通道中的选区。
- ➲ 反相：选中该复选框，相当于使用"反选"命令。

● 新建选区：选中该单选按钮后，以新载入选区替代原有选区。

● 添加到选区：选中该单选按钮后，将保留原有选区并添加新载入的选区。

● 从选区中减去：选中该单选按钮后，将从原选区中减去与新载入选区重叠的部分。

● 与选区交叉：选中该单选按钮后，将只保留载入的选区与原有选区交叉重叠的部分。

> 如果在载入通道选区之前图像中没有选区，那么在"载入选区"对话框中的"操作"选项区中，只能选中"新建选区"单选按钮。

2.1.4　移动和变换选区

创建选区后，用户还可以对其进行移动或变换。移动选区能够改变选区的位置，而不改变图像的任何内容；变换选区操作包括对选区进行旋转、翻转、扭曲、透视和斜切等。下面进行详细介绍。

1. 移动选区

如果要移动选区的位置，只需选取创建选区的工具，并将鼠标指针移至选区内，当鼠标指针呈状，按住鼠标左键并拖动鼠标，至合适位置后释放鼠标即可。

> 在移动选区时，不能使用工具箱中的移动工具进行移动，否则将移动当前图层在选区内的图像。

2. 变换选区

创建选区后，单击"选择"|"变换选区"命令，可以对选区添加变形框，通过调整变形框来对其进行自由变形操作。在变换框中单击鼠标右键，在弹出的快捷键中选择相应的变换选项，可以对选区进行扭曲或透视等操作。图2-16 所示为对选区执行"变换选区"命令前后的效果对比。

图 2-16　对选区执行"变换选区"命令前后的效果对比

> 在对选区进行变换的过程中，若要取消变换操作，可按【Esc】键。在进行缩放变换操作时，按住【Shift】键的同时拖曳控制柄，可以等比例缩放选区；若按住【Alt】键的同时拖动控制柄，可以从中心缩放选区。在进行旋转操作时，按住【Shift】键，将以 15 度为增量旋转选区。

2.1.5 扩展、收缩和羽化选区

扩展、收缩和羽化选区是编辑选区常用的操作，下面将对它们分别进行介绍。

1. 扩展选区

扩展选区是指在现有选区的基础上，扩大选择的区域。单击"选择"丨"修改"丨"扩展"命令，弹出"扩展选区"对话框，从中设置相应的参数，然后单击"确定"按钮即可。图 2-17 所示为使用"扩展"命令前后的选区。

2. 收缩选区

收缩选区与扩展选区的作用相反，收缩选区可以缩小选择区域。单击"选择"丨"修改"丨"收缩"命令，弹出"收缩选区"对话框，从中设置相应的参数，然后单击"确定"按钮即可。图 2-18 所示为使用"收缩"命令前后的选区。

图 2-17　使用"扩展"命令扩大选区　　　　图 2-18　使用"收缩"命令缩小选区

3. 羽化选区

羽化选区的作用是通过创建选区与其周围像素的过渡边界，使边缘模糊，产生渐变效果。羽化值越大，过渡的区域也就越大。单击"选择"丨"修改"丨"羽化"命令，弹出"羽化选区"对话框，从中设置"羽化半径"为 50 像素，单击"确定"按钮即可。图 2-19 所示为使用"羽化"命令制作的图像效果。

图 2-19　使用"羽化"命令制作的图像效果

2.1.6 存储和载入选区

精确选区的创建往往需要花费很多时间，因此，创建此类选区后，应先将它保存起来，以备以后重复使用。下面分别对存储选区和载入选区进行详细介绍。

1．存储选区

在 Photoshop 中，创建选区是一项繁琐而又经
常用到的操作，若在操作过程中创建的选区需要重
复使用，可以利用"存储选区"命令来保存该选区。
单击"选择"|"存储选区"命令，弹出"存储选区"
对话框，如图 2-20 所示。从中设置相应的参数后，
单击"确定"按钮即可。

图 2-20　"存储选区"对话框

2．载入选区

载入选区与存储选区的操作正好相反，它是将保存在 Alpha 通道中的选区载入到图像中。

单击"选择"|"载入选区"命令，弹出"载入选区"对话框。"载入选区"对话框与"存
储选区"对话框中的内容基本相同。若在"载入选区"对话框中选中"反相"复选框，则将
保存在 Alpha 通道中的选区反向选择；在"操作"选项区中可选中不同的单选按钮，进行相
关操作。

2.2　边练实例

本节将在上一节的基础上，练习 Photoshop CS3 中的基本操作。通过制作美女换装、花
形相框、绿色相框、透明水泡和彩色边框 5 个实例，以强化、延伸前面所学知识，并达到巧
学活用、学以致用的目的。

2.2.1　制作美女换装

本实例制作的是美女换装，效果如图 2-21 所示。

本实例主要用到了磁性套索工具和"色相/饱和度"命令等。其具体操作步骤如下：

(1) 单击"文件"|"打开"命令，弹出"打开"对话框，从中选择所需的素材图像，
单击"打开"按钮，将其打开，如图 2-22 所示。

(2) 在工具箱中展开套索工具组，选取磁性套索工具。在图像中人物衣服边缘单
击鼠标左键，并沿衣服的边缘移动鼠标指针，回到起始位置后再次单击鼠标左键，即可创建
相应的选区，效果如图 2-23 所示。

(3) 在磁性套索工具属性栏中单击"从选区减去"按钮，然后，在图像窗口中单击
鼠标左键，并沿手的边界移动鼠标指针，回到起始位置后再次单击鼠标左键，减去双手部分
的选区，效果如图 2-24 所示。

(4) 单击"图像"|"调整"|"色相/饱和度"命令，弹出"色相/饱和度"对话框，选
中"着色"复选框，设置"色相"为 40、"饱和度"为 2、"明度"为 48，如图 2-25 所示。

(5) 单击"确定"按钮，即可得到调整色相/饱和度后的图像效果。单击"选择"|"取
消选择"命令，取消选区，完成美女换装效果的制作，如图 2-26 所示。

图 2-21　美女换装效果

图 2-22　打开素材图像

图 2-23　创建选区

图 2-24　减去部分选区

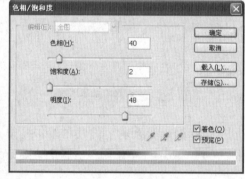

图 2-25　设置参数

图 2-26　美女换装效果

2.2.2　制作花形相框

本实例制作的是花形相框，效果如图 2-27 所示。

本实例主要用到了魔棒工具和移动工具等。其具体操作步骤如下：

（1）单击"文件"|"打开"命令，弹出"打开"对话框，按住【Ctrl】键的同时选择所需的两幅素材图像，单击"打开"按钮，将其打开，如图 2-28 所示。

图 2-27　花形相框效果

素材图像 1

素材图像 2

图 2-28　打开的素材图像

（2）选取移动工具 ，在素材图像 2 文件中按住鼠标左键并拖动鼠标，将素材图像 2 拖曳到素材图像 1 窗口中，如图 2-29 所示。

（3）调整素材图像 2 的位置与大小，使其覆盖整个图像窗口，效果如图 2-30 所示。

（4）选取魔棒工具 ，在其工具属性栏中设置"容差"为 32，并选中"消除锯齿"和"连续"复选框。在素材图像 2 的灰色背景上单击鼠标左键，选中图像中的灰色部分，如图 2-31 所示。

（5）按【Delete】键删除选区内的图像，单击"选择"|"取消选择"命令，取消选区，完成花形相框的制作，效果如图 2-32 所示。

图 2-29　拖入图像　　图 2-30　调整图像位置与大小　图 2-31　选中灰色部　图 2-32　花形相框效果

2.2.3　制作绿色相框

本实例制作的是绿色相框，效果如图 2-33 所示。

图 2-33　绿色相框效果

本实例主要用到了矩形选框工具和"填充"命令等。其具体操作步骤如下：

（1）单击"文件"|"新建"命令，弹出"新建"对话框，从中设置"名称"为"相框"、"宽度"为 18.27 厘米、"高度"为 13.9 厘米、"分辨率"为 72 像素/英寸、"颜色模式"为"RGB 颜色"、"背景内容"为白色，如图 2-34 所示。设置完成后，单击"确定"按钮，新建一个空白文件。

（2）单击"设置前景色"色块 ，在弹出的"拾色器（前景色）"对话框中，设置"颜色"为深绿色（RGB 颜色参考值分别为 98、130、82），如图 2-35 所示。设置完成后，单击"确定"按钮，更改前景色。

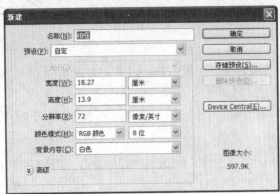

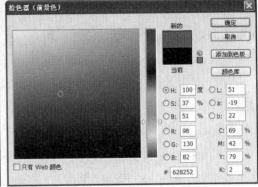

图 2-34 "新建"对话框   图 2-35 "拾色器（前景色）"对话框

　　（3）单击"编辑"|"填充"命令，弹出"填充"对话框，在"内容"选项区中的"使用"下拉列表框中选择"前景色"选项，单击"确定"按钮，为图像填充前景色，效果如图2-36 所示。

　　（4）单击"文件"|"打开"命令，打开所需的图像，如图 2-37 所示。

图 2-36 填充前景色   图 2-37 打开素材图像

　　（5）选取移动工具 ，在素材图像上按住鼠标左键并拖动鼠标，将其拖至"相框"图像窗口中，如图 2-38 所示。

　　（6）单击"编辑"|"变换"|"缩放"命令，用鼠标拖曳变形框上的控制柄，对图像大小进行调整，按【Enter】键确认操作；然后将鼠标指针移至图像上，按住鼠标左键并拖动鼠标，至适当位置后释放鼠标，调整图像的位置，效果如图 2-39 所示。

　　（7）在"图层"调板中选择"背景"图层，单击"选择"|"全部"命令，将整个背景作为选区载入，单击"选择"|"变换选区"命令，此时图像窗口周围将出现 8 个控制柄，将鼠标指针移至右上角的控制柄上，按住鼠标左键并向左下角拖动鼠标，调整图像的大小，按【Enter】键确认操作，效果如图 2-40 所示。

　　（8）单击"选择"|"修改"|"边界"命令，弹出"边界选区"对话框，设置"宽度"为 10 像素，单击"确定"按钮，此时选区将出现两个虚线边框，如图 2-41 所示。

　　（9）单击"设置前景色"色块，弹出"拾色器（前景色）"对话框，从中设置颜色为浅绿色（RGB 颜色参考值分别为 169、211、112），如图 2-42 所示。单击"确定"按钮将其设置为前景色。

　　（10）单击"编辑"|"填充"命令，弹出"填充"对话框，在"内容"选项区的"使用"下拉列表框中选择"前景色"选项，单击"确定"按钮，对选区填充前景色。单击"选择"|"取消选择"命令，取消选区，完成绿色相框效果的制作，效果如图 2-43 所示。

图 2-38　拖入素材图像

图 2-39　变换和移动图像

图 2-40　缩小后的选区

图 2-41　设置边界后的选区

图 2-42　"拾色器（前景色）"对话框

图 2-43　绿色相框效果

2.2.4 制作透明水泡

本实例制作的是透明水泡，效果如图2-44所示。

本实例主要用到了选框工具和移动工具等。其具体操作步骤如下：

（1）单击"文件"|"打开"命令，打开一幅素材图像，如图2-45所示。

图 2-44　透明水泡效果　　　　　　　　　　　　　图 2-45　素材图像

（2）选取椭圆选框工具 ，在图像窗口中的适当位置拖曳鼠标，创建一个椭圆形选区，效果如图2-46所示。

（3）单击"设置前景色"色块，弹出"拾色器（前景色）"对话框，从中设置前景色为浅绿色（RGB颜色参考值分别为206、249、201），如图2-47所示。设置完成后，单击"确定"按钮关闭该对话框。单击"图层"调板底部的"创建新图层"按钮 ，新建"图层1"。

（4）选取渐变工具，并在属性栏中单击渐变色块，弹出"渐变编辑器"窗口，然后在"预设"列表框中选择"前景到透明"选项（如图2-48所示），单击"确定"按钮，将其设为当前的渐变类型。

图 2-46　绘制椭圆形选区　　　图 2-47　"拾色器（前景色）"对话框　　　图 2-48　设置渐变

（5）在渐变工具属性栏中单击"径向渐变"按钮，并选中"反向"复选框，在选区图像中间按住鼠标左键向下拖动鼠标，至合适的位置释放鼠标，渐变填充图像，效果如图2-49所示。

（6）单击"选择"|"取消选择"命令，取消选区，单击"编辑"|"变换"|"缩放"命令，选取移动工具，在变形框的控制柄上按住鼠标左键并拖动鼠标，调整图像的大小，效果如图2-50所示。

（7）单击"图层"|"复制图层"命令，在弹出的对话框中保持默认的参数设置，并单击"确定"按钮，复制一个副本图层。适当调整副本图层中图像的大小与位置，效果如图2-51所示。

图 2-49　渐变填充选区

图 2-50　缩小图像

图 2-51　复制图层

（8）用同样的方法，复制多个水泡图像，并调整其大小与位置，完成透明水泡的制作，效果如图 2-52 所示。

2.2.5　制作彩色边框

本实例制作的是彩色边框，效果如图 2-53 所示。

本实例主要用到了"填充"、"描边"和"羽化"等命令。其具体操作步骤如下：

图 2-52　透明水泡效果

（1）单击"文件"｜"打开"命令，打开一幅素材图像，如图 2-54 所示。

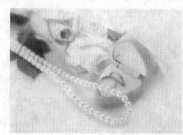

图 2-53　彩色边框效果

图 2-54　素材图像

（2）单击"选择"｜"全部"命令，将整个素材图像作为选区载入。单击"选择"｜"修改"｜"羽化"命令，弹出"羽化选区"对话框，从中设置"羽化半径"为 20 像素，如图 2-55 所示。

图 2-55　"羽化选区"对话框

（3）设置完成后，单击"确定"按钮，对选区进行羽化，如图 2-56 所示。

（4）单击"选择"｜"反向"命令，反选选区，效果如图 2-57 所示。

（5）单击"设置前景色"色块，弹出"拾色器（前景色）"对话框，从中设置前景色为红色（RGB 颜色参考值分别为 216、29、36）。单击"编辑"｜"填充"命令，弹出"填充"对话框，设置利用前景色进行填充，单击"确定"按钮，用前景色对选区进行填充，效果如图 2-58 所示。

（6）单击"选择"｜"取消选区"命令，取消选区，效果如图 2-59 所示。

（7）单击"选择"｜"全部"命令，将整个素材图像作为选区载入，效果如图 2-60 所示。

（8）单击"选择"｜"变换选区"命令，此时，图像周围将出现变形框，用鼠标拖曳控制柄以调整图像大小，按【Enter】键确认操作，效果如图 2-61 所示。

图 2-56 羽化选区

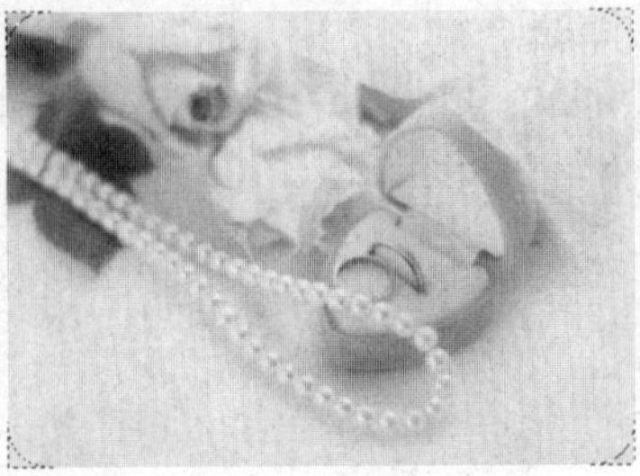

图 2-57 反选选区

图 2-58 填充选区

图 2-59 取消选区

图 2-60 载入选区

图 2-61 缩小选区

(9) 单击"编辑"|"描边"命令，弹出"描边"对话框。在"描边"选项区中设置"宽度"为 5px、"颜色"为紫色（RGB 颜色参考值分别为 233、77、255），并设置"位置"为居中，如图 2-62 所示。

(10) 单击"确定"按钮，即可为选区描边。单击"选择"|"取消选择"命令，取消选区，完成彩色边框效果的制作，效果如图 2-63 所示。

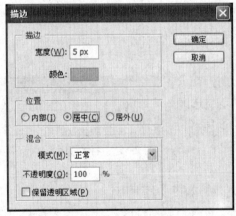

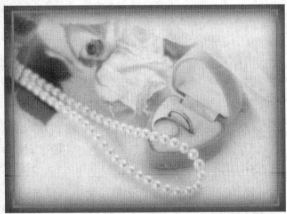

图 2-62 "描边"对话框

图 2-63 制作的彩色边框效果

课 堂 总 结

1．基础总结

在本章中，首先介绍了创建规则选区和不规则选区的方法，如使用选框工具、套索工具、魔棒工具、"色彩范围"命令、蒙版和通道等创建选区；然后介绍了编辑选区的相关操作，如移动、变换和收缩选区等，以便于读者全面掌握创建和编辑选区的方法。

2．实例总结

本章通过制作美女换装、花形相框、绿色相框、透明水泡和彩色边框效果 5 个实例，强化训练创建选区和编辑选区的操作，如使用魔棒工具选择相同颜色的区域、使用磁性套索工具选择边缘明显的衣服部分、通过"羽化"命令羽化选区和使用"变换选区"命令缩放选区等，从而达到在实践中巩固基础知识，提升操作能力的目的。

课 后 习 题

一、填空题

1．在 Photoshop CS3 中，创建规则选区的工具有_____、_____、单行选框工具和单列选框工具。

2．选取_____工具后，在图像中的某一种颜色上单击鼠标左键，即可选择与该点相连或不相连的、且在容差范围内的颜色区域。

3．_____工具是一个智能化的选区工具，它会自动对鼠标指针经过的地方进行分析，并能方便、快捷地选择边缘较光滑且颜色对比较强的图像，从而快速创建出需要的选区。

二、简答题

1．简述存储和载入选区的方法。
2．简述选取图像颜色的方法。

三、上机题

1．练习变换选区的相关操作。
2．练习通过不同的方法创建选区。

第 3 章　图像的描绘处理

Photoshop 中提供了一套优秀、实用的图像编辑工具，如画笔工具、渐变工具、仿制图章工具、修复画笔工具和减淡工具等，从而为用户处理图像提供了很大的方便。

3.1　边学基础

本节主要讲解 Photoshop 的绘图及图像编辑功能，其中包括画笔工具、渐变工具、修复画笔工具和加深工具等的使用方法和技巧。

3.1.1　使用吸管、画笔和铅笔工具

Photoshop CS3 提供了若干绘画工具，这些工具除了用于绘画外，还可用来编辑图像，如画笔、铅笔和吸管工具。使用这些工具可以对图像进行细节修饰，从而制作出一些特殊的艺术效果。下面将分别对它们进行介绍。

1. 吸管工具

使用吸管工具 ，可以吸取图像中某点的颜色，并将其设置为前景色。它的使用方法很简单，只需选取吸管工具后，将鼠标指针移至图像中要选择的颜色上，单击鼠标左键即可。另外，使用吸管工具也可以设置背景色，方法为：打开"色板"调板，按住【Ctrl】键的同时，在色块上单击鼠标左键，即可将该色块颜色设置为背景色。

选取吸管工具后，其属性栏如图 3-1 所示。在该属性栏中的"取样大小"下拉列表框中选择"3×3 平均"选项，可以得到鼠标单击处像素周围 3×3 区域内所有像素的平均值。如果选择其他选项，则程序计算的取样区域也将随之发生相应变化。

图 3-1　吸管工具属性栏

吸管工具组中的颜色取样器工具 ，可以在图像中定位 4 个取样点，分别为 、 、 和 ，如图 3-2 所示。此时，在"信息"调板中，将显示出这 4 个取样点的颜色值，如图 3-3 所示。

图 3-2　颜色取样点

如果用户要移动取样点，可以在按住【Ctrl】键的同时，将鼠标指针移至取样点位置，当鼠标指针呈 形状时，按住鼠标左键并将取样点拖动至合适的位置即可。如果用户要删除取样点，可将鼠标指针移至取样点的上方，按住【Alt】键，当鼠标指针呈 形状时，单击鼠标左键即可。

2. 画笔工具

画笔工具 是 Photoshop 中很重要的绘图工具，使用画笔工具能够绘制复杂的图像。在

使用画笔工具绘图之前，应先选择合适的前景色，然后再进行绘制。选取画笔工具后，其属性栏如图 3-4 所示。

图 3-3　"信息"调板　　　　　　　　图 3-4　画笔工具属性栏

画笔工具属性栏中各选项的含义如下：

⊃ 画笔：单击"画笔"选项右侧的下拉按钮，弹出"画笔预设"选取器（如图 3-5 所示），从中用户可以选择需要的画笔笔刷。单击"画笔预设"选取器右侧的▶按钮，在弹出的下拉菜单中，用户可以选择需要的画笔类型，然后在弹出的提示信息框中单击"追加"或"确定"按钮，将所选的画笔添加到"画笔预设"选取器中。图 3-6 所示为追加画笔样式后的画笔列表框，运用这些画笔样式，在图像窗口中能够绘制出不同的图像效果。

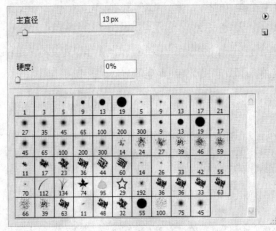

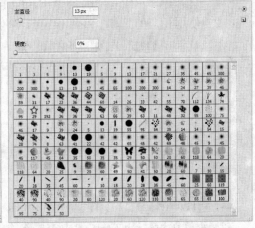

图 3-5　"画笔预设"选取器　　　　　图 3-6　追加画笔样式后的画笔列表框

⊃ 模式：用于选择不同的模式，以绘制出所需的图像效果。

⊃ 不透明度：用于设置画笔笔触的透明度。

⊃ 流量：用于设置画笔颜色的浓度。

⊃ "喷枪"按钮：单击此按钮，将画笔的选择状态切换为喷枪绘图状态，在此状态下，可以使绘制的线条更柔和。

3. 铅笔工具

使用铅笔工具，可以绘制出边缘较硬的线条。选取铅笔工具后，其属性栏如图 3-7 所示。铅笔工具的属性栏与画笔工具属性栏相似，不同之处为铅笔工具属性栏中多出一个"自动抹除"复选框，若选中此复选框，则"画笔预设"选取器中所有画笔的笔刷均为硬边。

图 3-7　铅笔工具属性栏

> 在铅笔工具属性栏中，选中"自动抹除"复选框后，绘画时则以前景色绘制；若绘制位置颜色为前景色，则以背景色绘制。

3.1.2　新建和删除画笔

在实际工作中，"画笔预设"选取器中所存储的画笔笔触不一定能满足用户的需求，因此 Photoshop 提供了创建新画笔笔触的功能，用户可以根据需要自定义新画笔笔触。如果新建的画笔笔触不再需要，也可以将其删除。下面分别对新建和删除画笔笔触的方法进行介绍。

1．新建画笔

Photoshop 新建画笔预设的方法非常灵活，其具体操作步骤如下：

（1）在图像窗口中，绘制需要定义的画笔笔触形状。

（2）使用相应的工具，在图像窗口中为所需要定义为画笔笔触的图像创建选区。

（3）单击"编辑"|"定义画笔预设"命令，在弹出的"画笔名称"对话框中输入新笔画的名称，单击"确定"按钮，即可将所绘制的形状定义为新画笔笔触。

> 除了可将绘制的新图像定义为画笔笔触外，还可以将一幅素材图像定义为画笔笔触。

2．删除画笔

在"画笔预设"选取器中选中需要删除的画笔笔触，单击"画笔预设"选取器右上角的 ▶ 按钮，然后在弹出的下拉菜单中选择"删除画笔"选项，或在需要删除的画笔笔触上单击鼠标右键，并在弹出的快捷菜单中选择"删除画笔"选项，即可以将画笔从预设面板中删除。

3.1.3　使用渐变工具、油漆桶工具和"填充"命令

在 Photoshop CS3 中，填充颜色的方法有 3 种，即使用渐变工具、油漆桶工具或"填充"命令来填充，下面对这 3 种填充方法分别进行介绍。

1．渐变工具

使用渐变工具 可以快速填充渐变色。所谓渐变色，就是在图像中的目标区域填充具有

多种过渡颜色的混合色。渐变填充方式有 5 种，分别是线性渐变、径向渐变、角度渐变、对称渐变和菱形渐变。图 3-8 所示为使用各种渐变填充方式填充的效果。

| 线性渐变 | 径向渐变 | 角度渐变 | 对称渐变 | 菱形渐变 |

图 3-8　渐变填充结果

选取渐变工具后，其属性栏如图 3-9 所示。从中可根据需要设置渐变样式、渐变模式等参数。单击渐变色块右侧的下拉按钮，弹出"渐变"拾色器，从中也可设置合适的渐变效果。

图 3-9　渐变工具属性栏

　　　　选取渐变工具，在按住【Shift】键的同时，在图像窗口中按住鼠标左键并拖动鼠标，至合适位置后释放鼠标，可以将填充角度限制为 45 度的倍数；按住【Alt】键，可以将渐变工具暂时切换为吸管工具；按住【Ctrl】键，可以将渐变工具暂时切换为移动工具。

2. 油漆桶工具

选取油漆桶工具后，其属性栏如图 3-10 所示。从中用户可设置填充模式、不透明度和容差等参数。

图 3-10　油漆桶工具属性栏

在油漆桶工具的属性栏中设置好参数后，将鼠标指针移至图像窗口中需要填充颜色或图案的区域上，单击鼠标左键，即可填充所需的颜色或图案。

3. "填充"命令

在 Photoshop CS3 中，除了可以使用油漆桶工具填充颜色或图案外，还可以使用"填充"命令，对选区或图像填充颜色和图案。

单击"编辑"|"填充"命令，弹出"填充"对话框，如图 3-11 所示。从中进行相应的设置后，单击"确定"按钮，即可填充选区或图像。

图 3-11　"填充"对话框

在使用"填充"命令填充对象时，若图像中没有选区，则此操作将对整幅图像有效。

3.1.4 使用图章工具

图章工具主要用于复制图像中的部分或全部像素到其他区域或另一幅图像中，图章工具组中包括仿制图章工具和图案图章工具，下面对其分别进行介绍。

1. 仿制图章工具

使用仿制图章工具，可以将图像中某一部分像素复制到当前图像的其他位置。选取仿制图章工具后，其属性栏如图 3-12 所示。用户可以通过该属性栏，设置图章工具的不透明度、流量、对齐和样本等参数。

图 3-12　仿制图章工具属性栏

仿制图章工具的使用方法：选取仿制图章工具，按住【Alt】键，在图像中需要复制像素的位置单击鼠标左键进行取样，释放【Alt】键，在图像中需要修复的位置按住鼠标左键并拖动鼠标，即可对图像进行修复。

在使用仿制图章工具复制图像的过程中，若没有复制完成，则不能释放鼠标左键；否则，再次拖曳鼠标时，将重新开始复制。

2. 图案图章工具

通过图案图章工具可以复制图像中的图案，制作出相应的艺术效果。选取图案图章工具后，属性栏如图 3-13 所示。用户可以通过该属性栏设置复制图像时的图像模式、不透明度、流量和图案等参数。

图 3-13　图案图章工具属性栏

使用图案图章工具的具体操作步骤如下：

（1）使用矩形选框工具，在需要复制的图像中进行取样。

（2）单击"编辑"｜"定义图案"命令，在弹出的"图案名称"对话框中输入新图案的名称，单击"确定"按钮关闭对话框。

（3）选取图案图章工具，在其属性栏中单击图案选项右侧的下拉按钮，弹出"图案"拾色器，选择刚刚创建的图案，然后在图像窗口中按住鼠标左键并拖动鼠标，至合适位置后释放鼠标，即可用定义的图案覆盖原图像。

> 在应用定义的图案时，如果目标图像窗口中创建了选区，则只能将图案应用到创建的选区中。

3.1.5　使用修复画笔工具

修复画笔工具组中包括修复画笔工具、修补工具、红眼工具和污点修复画笔工具。利用修复画笔工具可以轻松地去除照片上的污点、小斑痕等瑕疵；使用修补工具可以非常方便地对图像进行修补；使用红眼工具可以快速地去除红眼。下面将进行详细介绍。

1．修复画笔工具

修复画笔工具 ✎ 与图章工具的使用方法非常相似，都是通过从图像中取样或用图案来填充图像。使用修复画笔工具填充图像时，能将取样点的像素溶入到目标区域，从而使填充区域与周围图像完美结合，且生成柔和的过渡效果。

选取修复画笔工具后，其属性栏如图 3-14 所示。用户可以从中设置图像模式、源、对齐和样本等参数。

图 3-14　修复画笔工具属性栏

2．修补工具

利用修补工具 ◎ 修复图像时，可使用已有选区，也可以使用修补工具自建选区。修补工具与修复画笔工具的作用相似，能修复图像；但修补工具还可以自由选取需要修复图像的范围及形状。

选取修补工具后，其属性栏如图 3-15 所示。从中可以设置修补透明和使用图案等参数。

> 在修补工具属性栏中，选中"源"单选按钮，可使用其他区域的图像对所选区域进行修复；选中"目标"复选框，可使用所选的图像对其他区域的图像进行修复。

3．红眼工具

红眼工具 ☜ 是一个专门用于去除照片中人物红眼的工具。红眼工具的使用方法很简单，只需要在其属性栏中设置好参数，然后在图像中的红眼上单击鼠标左键即可。

选取红眼工具后，其属性栏如图 3-16 所示。用户从中可设置瞳孔大小和变暗量等参数。

图 3-15　修补工具属性栏图　　　　　　　　3-16　红眼工具属性栏

4．污点修复画笔工具

污点修复画笔工具 同样用于去除照片中的杂点或污斑。使用污点修复画笔工具不需要创建选区或定义源，只需在杂点位置单击鼠标左键，即可去除杂点或污斑。

3.1.6　使用调整工具组

调整工具组中包括减淡工具、加深工具和海绵工具。利用调整工具，可以对图像的局部色调或颜色进行调整。下面分别对其进行介绍。

1．减淡工具

利用减淡工具 可以增强图像区域的曝光度，从而达到加亮视觉效果的作用。选取减淡工具，在图像中按住鼠标左键并拖动鼠标，即可提高该图像区域的亮度。减淡工具的属性栏如图 3-17 所示，从中用户可以设置画笔的大小、形状、范围和曝光度等参数。

图 3-17　减淡工具属性栏

减淡工具属性栏中各选项的含义如下：

- 画笔：单击"画笔"图标右侧的下拉按钮 ，然后在弹出的"画笔预设"选取器中可以选择所需的画笔，还可设置画笔的大小。
- 范围：在此下拉列表框中，可选择作用于目标区域的色调范围。
- 曝光度：在此数值框中输入相应的数值，可用于设置使用减淡工具时的亮化程度。

2．加深工具

加深工具 与减淡工具的使用方法相同，利用加深工具可以减弱图像区域的曝光度。选取加深工具后，其属性栏如图 3-18 所示。

3．海绵工具

使用海绵工具 可以调整图像的色相/饱和度。选取海绵工具后，其属性栏如图 3-19 所示，从中可以设置画笔模式和流量等参数。

图 3-18　加深工具的属性栏　　　　　　图 3-19　海绵工具属性栏

海绵工具属性栏中各选项的含义如下：

- 画笔：单击"画笔"图标右侧的下拉按钮 ，在弹出的"画笔预设"选取器中可以选择所需的画笔笔触，并对画笔笔触进行相应的设置。
- 模式：该下拉列表框中有两个选项，若选择"加色"选项，可以增加操作区域颜色的饱和度；若选择"去色"选项，则可以降低操作区域颜色的饱和度。
- 流量：在此数值框中输入相应的百分数，可用于控制海绵工具的压力强度。

3.2　边练实例 ➡

本节将在上一节理论的基础上练习实例，通过制作完美肌肤效果、五彩飞虹、天外飞仙、情景相衬和魅力服装 5 个实例，强化并延伸前面所学的知识点，以达到巧学活用，学以致用的目的。

3.2.1　制作完美肌肤

本实例制作的是完美肌肤效果，如图 3-20 所示。

本实例主要用到了修复画笔工具和污点修复画笔工具等。其具体操作步骤如下：

（1）单击"文件"|"打开"命令，打开一幅素材图像，如图 3-21 所示。

图 3-20　完美肌肤效果　　　　　　　　　图 3-21　素材图像

（2）单击"图像"|"调整"|"曲线"命令，弹出"曲线"对话框，在曲线上单击鼠标左键，添加一个锚点，并设置其"输出"和"输入"值分别为 206 和 153，如图 3-22所示。

（3）设置完成后，单击"确定"按钮，即可得到调整曲线后的图像效果，如图 3-23所示。

（4）选取修复画笔工具 🖌，在其属性栏中设置"画笔"直径为 7。将鼠标指针移至图像中的目标位置，按住【Alt】键的同时单击鼠标左键，吸取目标颜色，如图 3-24 所示。

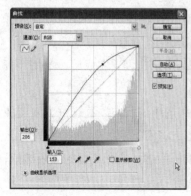

图 3-22　"曲线"对话框　　　图 3-23　调整曲线后的图像效果　　　图 3-24　吸取目标颜色

(5) 在污点处单击鼠标左键，去除目标位置的污点，效果如图 3-25 所示。

(6) 用同样的方法去除人物脸部的其他污点，完成完美肌肤效果的制作，如图 3-26 所示。

图 3-25　去污后的效果　　　　图 3-26　制作的完美肌肤效果

3.2.2　制作五彩飞虹

本实例制作的是五彩飞虹，效果如图 3-27 所示。

本实例主要用到了渐变工具和选框工具等。其具体操作步骤如下：

(1) 单击"文件"|"打开"命令，打开一幅素材图像，如图 3-28 所示。

图 3-27　五彩飞虹效果　　　　　　　　图 3-28　素材图像

(2) 单击"图层"调板底部的"创建新图层"按钮，新建"图层 1"，如图 3-29 所示。

(3) 选取渐变工具，在其属性栏中单击"点按可编辑渐变"色块，弹出"渐变编辑器"窗口，在颜色条下方单击鼠标左键添加色标，并设置相应的颜色，在色标上按住鼠标左键并拖动鼠标至合适位置后释放鼠标，调整色标位置，如图 3-30 所示。

(4) 用同样的方法调整其他色标的位置，效果如图 3-31 所示。设置完成后，单击"确定"按钮，即可完成渐变样式的设置。

(5) 在渐变工具属性栏中单击"径向渐变"按钮，并选中"反向"复选框。在图像中按住鼠标左键并拖动鼠标，至合适位置后释放鼠标，即可填充该图层，效果如图 3-32 所示。

(6) 选取魔棒工具，在图像窗口中的红色背景上单击鼠标左键，选择周围的红色部分，单击"选择"|"修改"|"羽化"命令，弹出"羽化选区"对话框，并从中设置"羽化半径"为 30 像素。

（7）单击"确定"按钮，羽化所选选区。按【Delete】键，删除当前选区中的内容，单击"选择"｜"取消选择"命令取消选区，效果如图3-33所示。

（8）用同样的方法选择中心的红色背景，并对该选区进行羽化，设置"羽化"半径值为30像素，按【Delete】键删除当前选区中的对象。单击"选择"｜"取消选择"命令取消选区，效果如图3-34所示。

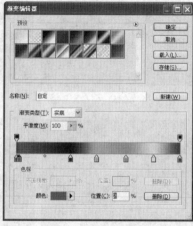

图 3-29　新建图层　　　　图 3-30　"渐变编辑器"窗口　　　　图 3-31　设置渐变色

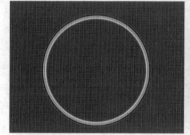

图 3-32　渐变填充　　　　　图 3-33　删除红色　　　　图 3-34　删除选区中的内容

（9）单击"编辑"｜"变换"｜"缩放"命令，调整图像的大小及位置，按【Enter】键确认操作，效果如图3-35所示。

（10）选取矩形选框工具，在图像中创建矩形选区，在属性栏中单击"从选区减去"按钮，效果如图3-36所示。单击"选择"｜"修改"｜"羽化"命令，弹出"羽化"选区对话框，设置"羽化半径"为30像素，单击"确定"按钮。连续按两次【Delete】键，删除所选区域中的图像。

（11）单击"选择"｜"取消选择"命令，取消选区，效果如图3-37所示。

（12）用同样的方法，在图像中创建适当的选区，删除彩虹上方多余的图像，效果如图3-38所示。选取移动工具，将制作的彩虹移动到适当的位置，并在"图层"调板中设置其所在图层的"不透明度"为66%，效果如图3-39所示。

（13）单击"图层"｜"复制图层"命令，在弹出的"复制图层"对话框中单击"确定"按钮，复制彩虹所在的图层。

（14）单击"编辑"|"变换"|"垂直翻转"命令，垂直翻转复制的图像，并将其移动到合适的位置。在"图层"调板中，设置该图层的"不透明度"为25%，完成五彩飞虹效果的制作，效果如图3-40所示。

图3-35 调整大小及位置

图3-36 创建选区

图3-37 取消选区

图3-38 删除多余图像

图3-39 设置图像不透明度

图3-40 五彩飞虹效果

3.2.3 制作天外飞仙

本实例制作的是天外飞仙效果，如图3-41所示。

本实例主要用到了画笔工具和"画笔预设"调板等。其具体操作步骤如下：

（1）单击"文件"|"打开"命令，打开一幅素材图像，如图3-42所示。

（2）单击"设置前景色"色块，弹出"拾色器（前景色）"对话框，设置前景色为淡红色（RGB 颜色参考值分别为 255、32、0），如图3-43所示。设置完成后，单击"确定"按钮关闭对话框。

（3）选取画笔工具 ，在画笔工具属性栏中单击"画笔"选项右侧的下拉按钮 ，弹出"画笔预设"选取器，从中单击其右上角的 按钮，在弹出的下拉菜单中选择"特殊效果画笔"选项，并在弹出的提示信息框中单击"追加"按钮，返回"画笔预设"选取器，从中选择"杜鹃花串"选项，如图3-44所示。

（4）单击"窗口"|"画笔"命令，弹出"画笔"调板，在"画笔笔尖形状"选项区中设置所需的画笔形状，如图3-45所示。

（5）在图像窗口的人物头发上单击鼠标左键，绘制花朵，效果如图3-46所示。

（6）用同样的方法，在"画笔预设"调板中选择"缤纷蝴蝶"选项，并设置画笔的参数，在图像窗口中绘制蝴蝶图像。以同样的方法绘制其他图像，完成天外飞仙效果的制作，如图3-47所示。

图 3-41　天外飞仙效果　　　　　　　　　　　图 3-42　素材图像

 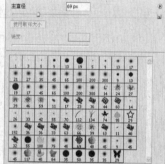 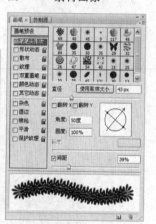

图 3-43　"拾色器（前景色）"对话框　　图 3-44　选择"杜鹃花串"选项　　图 3-45　"画笔"调板

图 3-46　绘制花朵　　　　　　　　　　　图 3-47　制作的天外飞仙效果

3.2.4　制作情景相衬

本实例制作的是情景相衬效果，如图 3-48 所示。

图 3-48　情景图衬效果

本实例主要用到了"全部"命令和图案图章工具等。其具体操作步骤如下：

（1）单击"文件"|"打开"命令，打开两幅素材图像，如图 3-49 所示。

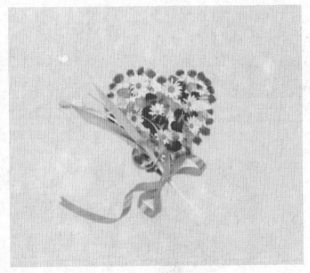

素材图像 1　　　　　　　　　　　　　素材图像 2

图 3-49　打开的素材图像

（2）选择素材图像 2 为当前图像，在"图层"调板中的"背景"图层上双击鼠标左键，在弹出的"新建图层"对话框中单击"确定"按钮，将"背景"图层转换为普通图层。

（3）选取魔棒工具 ，在图像窗口的背景颜色上单击鼠标左键，并按【Delete】键将其删除。单击"选择"|"取消选择"命令取消选区，效果如图 3-50 所示。

（4）单击"选择"|"全部"命令，将整幅图像载入选区，如图 3-51 所示。

（5）单击"编辑"|"定义图案"命令，弹出"图案名称"对话框，设置图案的"名称"为"图案 8"（如图 3-52 所示），单击"确定"按钮关闭对话框。单击"选择"|"取消选择"

命令，取消选区。

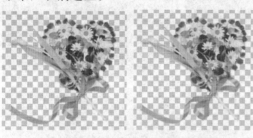 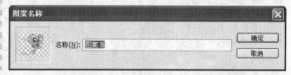

图 3-50　删除背景　图 3-51　将整幅图像载入选区　　　　图 3-52　"图案名称"对话框

（6）选取图案图章工具，在属性栏中单击图案选项右侧
的下拉按钮，弹出"图案"选取器，从中选择刚才定义的图案，
如图 3-53 所示。

（7）切换至素材图像 1 窗口，单击"图层"调板底部的"创
建新图层"按钮，新建"图层 1"。将鼠标指针移至图像窗口
中的适当位置，按住鼠标左键并拖动鼠标，即可绘制出定义的图
案，效果如图 3-54 所示。

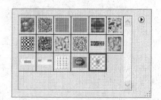

图 3-53　"图案"选取器

（8）选取移动工具，在绘制的图案上按住鼠标左键并拖动鼠标，调整其至合适的位置
后释放鼠标，完成情景相衬效果的制作，如图 3-55 所示。

图 3-54　绘制图案　　　　　　　　图 3-55　制作的情景相衬效果

3.2.5　制作魅力服装

本实例制作的是魅力服装，效果如图 3-56 所示。

本实例主要用到了减淡工具，其具体操作步骤如下：

（1）单击"文件"|"打开"命令，打开一幅素材图像，如图 3-57 所示。

图 3-56　魅力服装效果　　　　　　　　　　　　图 3-57　素材图像

　　（2）选取磁性套索工具 ，在图像窗口中裙子边缘的任意位置单击鼠标，并沿边缘移动鼠标指针，至起始位置处再次单击鼠标左键，即可将衣服所在区域创建为选区，效果如图 3-58 所示。

　　（3）选取减淡工具 ，将鼠标指针移至裙子颜色较深的位置（如图 3-59 所示），拖曳鼠标减淡颜色。

　　（4）单击"选择"|"取消选择"命令，取消选区，完成魅力服装效果的制作，如图 3-60 所示。

图 3-58　创建选区　　　　　　　图 3-59　减淡裙子颜色　　　　　　图 3-60　制作的魅力服装效果

课　堂　总　结

1. 基础总结

　　本章的基础内容部分介绍了吸管工具、画笔工具和渐变工具等的使用方法，还介绍了如何定义画笔、新建画笔、删除画笔和填充图像等，另外还介绍了仿制图章工具、图案图章工具、修复工具、修复画笔工具、修补工具、红眼工具、减淡工具、加深工具和海绵工具的使用方法，帮助读者全面掌握绘制和处理图像的基本操作。

2．实例总结

本章通过制作完美肌肤、五彩飞虹、天外飞仙、情景相衬和魅力服装效果 5 个实例，强化用户对画笔工具、修复画笔工具、渐变工具和减淡工具组的理解和应用，如使用画笔工具绘制花朵和蝴蝶，使用修复画笔工具修复不够完美的肌肤，使用渐变工具制作五彩飞虹，使用减淡工具减淡裙子的颜色等，让读者在实践中巩固基础知识，提升操作与设计的能力。

课 后 习 题

一、填空题

1．在 Photoshop CS3 中，能够去除图像中污点的工具有_____、_____和污点修复画笔工具。

2．调整图像的颜色主要是对图像的局部色调和颜色进行调整，调整图像颜色的工具包括_____、_____和海绵工具。

3．图章工具主要用于复制图像中的部分或全部像素到其他区域或另一幅图像中，图章工具组包括_____和_____。

二、简答题

1．简述仿制图章工具与图案图章工具的区别。

2．简述新建和删除画笔笔触的方法。

三、上机题

1．练习使用画笔工具、填充工具、加深工具和减淡工具等，制作一幅发光树的图像，效果如图 3-61 所示。

2．练习使用渐变工具、图案图章工具和仿制图章工具绘制黄花，效果如图 3-62 所示。

图 3-61　发光树图像效果

图 3-62　绘制黄花

第 *4* 章　调整图像颜色

图像处理是平面设计中不可缺少的部分，为满足设计者的需要，Photoshop CS3 提供了非常强大的色彩调整功能。本章介绍调整和校正图像颜色的方法。

4.1　边学基础

只有熟练地掌握图像色彩和色调的处理方法，才能制作出令人满意的图像效果。如使用"曲线"命令可以调整图像的色调，使用"黑白"命令可以将图像转换为黑白图像，使用"通道混合器"命令可以通过调整当前颜色通道的混合效果来修改原色通道等。

4.1.1　使用"曲线"、"色阶"等命令调整图像颜色

使用 Photoshop CS3 处理图像时，若要对图像的细节、局部进行精细调整，可以使用"曲线"、"色阶"和"色彩平衡"命令来实现，下面将分别对它们进行介绍。

1."曲线"命令

使用"曲线"命令，可以调整图像的高光色调、中间色调和暗色调，从而可以使用户选择并调整某个色调范围内的图像，而不会影响其他部分图像的色调。

单击"图像"|"调整"|"曲线"命令，或按【Ctrl＋M】组合键，弹出"曲线"对话框（如图 4-1 所示），从中可以精确调整图像的输入或输出色阶。

"曲线"对话框中各主要选项的含义如下：

⊃　坐标轴：坐标系中的横轴代表图像调整前的色阶，从左到右分别代表图像从最暗区域到最亮区域的各个部分；纵轴代表图像调整后的色阶，从下到上分别代表改变后图像从最暗区域到最亮区域的各个部分。

⊃　"编辑点以修改曲线"按钮：单击该按钮后，可以通过在坐标系中单击添加并拖曳控制点，来控制曲线的形状。

> 在"曲线"对话框中按住【Shift】键的同时，依次单击曲线上的控制点，可以同时选择多个控制点。若要删除控制点，可在曲线的控制点上按住鼠标左键，并将其拖动至网格区域外；或在控制点上单击鼠标左键将其选中，然后按【Delete】键；还可在按住【Ctrl】键的同时，在控制点上单击鼠标左键，将其删除。

⊃　"通过绘制来修改曲线"按钮：除了在曲线上增加并拖曳控制点来调整曲线的形状外，还可以直接在坐标系中绘制以得到自由手绘的曲线。

使用"曲线"命令可以综合地调整图像的亮度、对比度和色彩等,其作用相当于"反相"、"色调分离"和"亮度/对比度"等多个命令的综合。

2．"色阶"命令

"色阶"命令的主要作用是调整图像色彩,使用该命令可以对图像的色彩平衡、色调和亮度进行调整。单击"图像"|"调整"|"色阶"命令,或按【Ctrl＋L】组合键,弹出"色阶"对话框,如图 4-2 所示。从中可以调整图像的 RGB 或 CMYK 的全通道,或对其中的单一通道进行色阶调整。

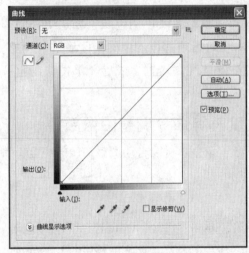
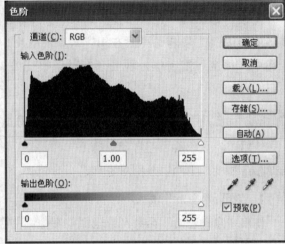

图 4-1　"曲线"对话框　　　　图 4-2　"色阶"对话框

"色阶"对话框中各主要选项的含义如下:

- 通道:用于选择要调整的通道。
- 输入色阶:主要用于对图像的暗色调、高光色调和中间色调进行调节。
- 输出色阶:主要用于调整图像的对比度,如果将渐变条上的白色滑块向左侧拖曳,可使图像变暗;将黑色滑块向右侧拖曳,则可使图像变亮。
- 设置黑场按钮：单击此按钮后,在图像中的合适位置单击鼠标左键,Photoshop CS3 将鼠标单击处的像素定义为黑色,并重新分布图像的像素,从而使图像整体变暗。
- 设置灰场按钮：单击此按钮后,在图像中的合适位置单击鼠标左键,可以从图像中减去此位置的颜色,从而消除图像的整体偏色。
- 设置白场按钮：此按钮与设置黑场按钮的功能恰好相反,利用它可以提高图像的整体亮度。
- 自动:单击此按钮,程序将根据当前图像的明暗程度自动调整图像。

单击"载入"或"存储"按钮,可以载入或保存在"色阶"对话框中所进行的设置,而保存的文件扩展名为.alv。

3."色彩平衡"命令

使用"色彩平衡"命令可以对图像进行一般的颜色校正,通过它可以简单、快捷地调整图像颜色的构成,并混合各种颜色以达到平衡。

单击"图像"|"调整"|"色彩平衡"命令,或按【Ctrl＋B】组合键,弹出"色彩平衡"对话框,如图 4-3 所示。从中可以为图像中的阴影区域、中间调区域和高光区域添加过渡色,而且还可以将各种颜色混合。

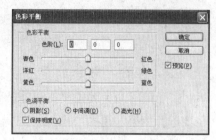

图 4-3 "色彩平衡"对话框

在该对话框的"色调平衡"选项区中选择需要调整的图像色调区域,如选中"中间调"单选按钮,并拖曳其上方相应的颜色滑块,即可对当前图像的中间调区域进行调整。若选中"预览"复选框,则可以实时观察图像调整的情况,设置完成后,单击"确定"按钮即可。

4.1.2 使用"自动色阶"、"自动对比度"等命令调整图像颜色

使用"自动色阶"、"自动对比度"和"自动颜色"命令,可以自动调整图像的亮度、对比度和饱和度。下面将分别对它们进行介绍。

1."自动色阶"命令

使用"自动色阶"命令可自动调整图像中的色阶。单击"图像"|"调整"|"自动色阶"命令,或按【Shift＋Ctrl＋L】组合键,可以快速对图像中的高光或阴影区域进行初步处理,而不需要通过设置"色阶"对话框来实现。

"自动色阶"命令的作用相当于在"色阶"对话框中选择了"自动"选项。

2."自动对比度"命令

使用"自动对比度"命令,可自动调整图像中颜色的对比度。单击"图像"|"调整"|"自动对比度"命令,或按【Shift＋Ctrl＋Alt＋L】组合键,可以快速将图像中最暗的像素映射为黑色,将最亮的像素映射为白色。

3."自动颜色"命令

使用"自动颜色"命令,可自动对图像进行颜色校正。具体操作方法是:单击"图像"|"调整"|"自动颜色"命令,或按【Shift＋Ctrl＋B】组合键。若图像出现偏色或饱和度过高的现象,均可以使用该命令对其进行自动调整。

4.1.3 使用"色调分离"、"反相"等命令调整图像颜色

使用"反相"、"色调均化"、"渐变映射"、"色调分离"和"变化"等命令,可以制作特殊的图像效果。下面将分别对它们进行介绍。

1."反相"命令

单击"图像"|"调整"|"反相"命令，或按【Ctrl+I】组合键，可将正片黑白图像变成负片黑白图像；或将扫描的黑白负片转换为黑白正片；还可将彩色图片转变为负片，效果如图 4-4 所示。

图 4-4　原图及对其执行"反相"命令后的图像效果

　　"反相"命令可以将图像反相显示，若连续应用两次"反相"命令，则图像将还原为原始图像。

2."色调均化"命令

单击"图像"|"调整"|"色调均化"命令，Photoshop 将自动查找图像中的最亮值和最暗值，并将最暗的部分显示为黑色，最亮的部分显示为白色，然后在整个图像中对亮度进行色调均化调整，即在整个灰度中均匀分布中间调像素值，效果如图 4-5 所示。

3."色调分离"命令

单击"图像"|"调整"|"色调分离"命令，将弹出"色调分离"对话框（如图 4-6 所示），从中用户可以调整图像的色调级数。

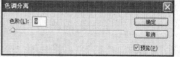

图 4-5　原图及对其执行"色调均化"命令后的图像效果　　　　图 4-6　"色调分离"对话框

使用"色调分离"命令，可以指定图像中每个通道的色调级（或亮度值）的数目，然后程序按所设级数将图像的像素映射为最接近的颜色，数值越大，颜色过渡越细腻。

4."渐变映射"命令

单击"图像"│"调整"│"渐变映射"命令，弹
出"渐变映射"对话框（如图 4-7 所示），从中进行
相关的设置，可以将指定的渐变映射到图像的全部
色阶中，从而得到一种具有彩色渐变的图像效果。

图 4-7 "渐变映射"对话框

"渐变映射"对话框中各选项的含义如下：

➲ 灰度映射所用的渐变：该选项用于选择所需的渐变模式。

➲ 仿色：用于添加随机杂色以平滑渐变填充的外观，并减少带宽效应。

➲ 反向：用于显示原渐变图的反向效果。

5."变化"命令

单击"图像"│"调整"│"变化"命令，弹出"变化"对话框（如图 4-8 所示），从中可
以调整图像或选区的色彩、亮度和饱和度。

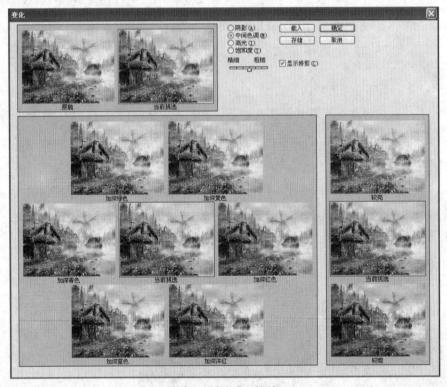

图 4-8 "变化"对话框

"变化"对话框中各选项的含义如下：

➲ 原稿和当前挑选：默认状态下，这两幅缩略图显示完全相同。经过调整后，"当前挑
选"缩略图显示为调整后的状态。

➲ 较亮、当前挑选和较暗：单击"较亮"或"较暗"两个缩略图，可以增亮或变暗"当
前挑选"的缩略图。

➲ 阴影、中间色调、高光和饱和度：用户可以在此设置需要调整的范围，以便更加精

确地调整图像。

　　　精细/粗糙：拖曳该滑块可以确定每次调整的量，将滑块向右侧移动一格，可使调整幅度双倍增加。

　　在该对话框右下部分还有 7 个缩略图，用于显示单击某缩略图后"当前挑选"缩略图的效果。

4.1.4　使用"黑白"、"去色"和"阈值"等命令调整图像颜色

　　使用"黑白"、"去色"和"阈值"命令，可以将彩色图像变为高清晰的灰度图像或黑白图像，下面将对各命令的作用与使用方法进行详细介绍。

1."黑白"命令

　　单击"图像"|"调整"|"黑白"命令，或按【Shift＋Ctrl＋Alt＋B】组合键，弹出"黑白"对话框，如图 4-9 所示。从中进行相应的设置，可以改变图像的颜色。

2."去色"命令

　　单击"图像"|"调整"|"去色"命令，或

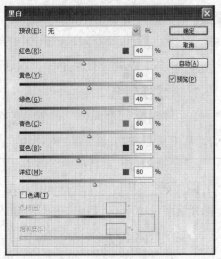

图 4-9　"黑白"对话框

按【Shift＋Ctrl＋U】组合键，即可应用该命令。其作用是去除彩色图像中的所有颜色值，将其转换为灰度图像。

3."阈值"命令

　　单击"图像"|"调整"|"阈值"命令，可以将一幅灰度图像或彩色图像，调整为只有黑白两种色调的高对比度的黑白图像。在生成黑白图像时，黑白比例可以由用户自定义调整，因此，可以对原图像细节上的保留进行控制。

4.1.5　使用"匹配颜色"、"替换颜色"和"可选颜色"等命令调整图像颜色

　　使用"匹配颜色"、"替换颜色"和"可选颜色"等命令，可以替换图像中某范围内的或某种特定的颜色，下面分别对它们进行介绍。

1."匹配颜色"命令

　　单击"图像"|"调整"|"匹配颜色"命令，弹出"匹配颜色"对话框，如图 4-10 所示。从中进行相应的设置，可以匹配多个图像、多个图层或多个颜色选区之间的颜色，还可以通过更改图像的亮度、色彩范围和色相来调整其颜色。

　　"匹配颜色"对话框中各主要选项的含义如下：

　　　应用调整时忽略选区：若在当前操作的图像中存在选区，则选中该复选框后，可以

忽略选区对操作的影响，否则将只对选区内的图像有效。

- 明亮度：用于增加或降低当前图像的亮度。
- 颜色强度：该选项用于调整当前图像中颜色像素值的范围。
- 渐隐：用于控制当前图像的调整量。
- 使用源选区计算颜色：选中该复选框后，在匹配颜色时仅计算源文件选区中的颜色，而选区之外图像的颜色则不参与计算。
- 使用目标选区计算调整：选中该复选框后，在匹配颜色时仅计算目标文件选区中的颜色，选区之外的颜色不在计算之内。
- 源：用于选取与目标图像中的颜色相匹配的源图像。
- 图层：在此下拉菜单中可以选择操作所针对的源图像的图层。

2."替换颜色"命令

单击"图像"|"调整"|"替换颜色"命令，将弹出"替换颜色"对话框（如图 4-11 所示），从中可以将当前图像中的一种或多种颜色替换为另一种颜色。

"替换颜色"对话框中各主要选项的含义如下：

- 吸管工具：用于选择颜色，单击"吸管工具"按钮 ，并在图像中单击鼠标左键，可选择该图像中所有与单击处颜色相同或相近的颜色；若要同时选择几种不同的颜色，则可以在选择一种颜色后，单击"添加到取样"按钮 ，并在图像中选择其他颜色；若要在选择区域中去除某部分选择区域，则可以单击"从取样中减去"按钮 ，并在图像中单击鼠标左键，去除相应的颜色。
- 颜色容差：可以控制要替换区域的大小。
- 色相、饱和度和明度：用于调整当前图像中颜色像素值的范围。

3."可选颜色"命令

单击"图像"|"调整"|"可选颜色"命令，弹出"可选颜色"对话框（如图 4-12 所示），从中进行相应的设置，可以改变图像的偏色现象，而且还能加、减原色，从而增加或减少图像中印刷色的数量。

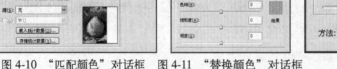

图 4-10 "匹配颜色"对话框　图 4-11 "替换颜色"对话框　图 4-12 "可选颜色"对话框

"可选颜色"对话框中各主要选项的含义如下：

⊃ 颜色：用户可以在该下拉列表框中选择红色、绿色、蓝色、青色、洋红色、黄色、黑色、白色和中性色以便进行调整。

⊃ 青色、洋红、黄色和黑色：可以针对选定的颜色调整其 C、M、Y、K 的量来修改整幅图像。

⊃ 方法：用于设置调整图像颜色的方式。选中"相对"单选按钮，可调整的数额以 CMYK 四色总数量的百分比来计算；选中"绝对"单选按钮，则以绝对值调整颜色。

4. "亮度/对比度"命令

单击"图像"｜"调整"｜"亮度/对比度"命令，在弹出的对话框中，可以设置并调整图像的亮度和对比度。"亮度/对比度"命令不能针对单一通道进行调整，它可以一次性调整图像中的所有像素、高光、暗调和中间色调。

当亮度和对比度的值调整为负值时，当前图像的亮度和对比度均减弱；若将其值设置为正值，则图像的亮度和对比度均会增强；当其值为 0 时，图像不发生变化。

4.1.6　使用"通道混合器"、"照片滤镜"和"曝光度"等命令调整图像颜色

使用"通道混合器"、"照片滤镜"和"曝光度"等命令，可调整当前图像的颜色和曝光度，下面将分别进行介绍。

1. "通道混合器"命令

单击"图像"｜"调整"｜"通道混合器"命令，弹出"通道混合器"对话框，如图 4-13 所示，从中可以通过调整当前颜色通道的混合效果来修改原色通道。

"通道混合器"对话框中各主要选项的含义如下：

⊃ 输出通道：用于选择要混合的颜色通道。

⊃ 源通道：拖曳"红色"、"绿色"和"蓝色"文本框下方的滑块，可以调整各个原色的值，从而达到调整整个图像的目的。

图 4-13　"通道混合器"对话框

⊃ 常数：拖曳其下方的滑块或在该文本框中输入数值（取值范围是-200～200），可以改变当前指定通道的不透明度。

⊃ 单色：选中该复选框，可将彩色图像变成灰度图像。

2. "照片滤镜"命令

单击"图像"|"调整"|"照片滤镜"命令，弹出"照片滤镜"对话框（如图 4-14 所示），从中进行相关设置，可以模拟传统光学滤镜特效，使当前图像呈现暖色调或冷色调。

"照片滤镜"对话框中各选项的含义如下：

⮑ 滤镜：选中该单选按钮后，在其右侧的下拉列表框中可以选择预设的选项，以对图像进行调整。

⮑ 颜色：选中该单选按钮，并单击其右侧的色块，在弹出的"选择滤镜颜色"对话框中，可自定义一种滤镜颜色。

⮑ 浓度：拖曳其下方的滑块，可以设置图像的亮度。

⮑ 保留明度：选中该复选框，将在调整图像的同时保持图像的亮度。

3. "阴影/高光"命令

单击"图像"|"调整"|"阴影/高光"命令，弹出"阴影/高光"对话框（如图 4-15 所示），从中可以设置相应的参数，以处理在摄影中由于用光不当造成的照片局部过亮或过暗现象。

"阴影/高光"对话框中各主要选项的含义如下：

⮑ 阴影：拖曳其下方的滑块或在该文本中输入相应的数值，可改变照片暗部区域的明度。滑块的位置越偏右侧，数值越大，图像的暗部区域越亮。

⮑ 高光：拖曳其下方的滑块或在该文本框中输入相应的数值，可改变照片高光区域的明亮程度。滑块的位置越偏右侧，数值越大，图像的高光区域越亮。

4. "色相/饱和度"命令

单击"图像"|"调整"|"色相/饱和度"命令，或按【Ctrl＋U】组合键，弹出"色相/饱和度"对话框（如图 4-16 所示），从中可以调整整幅图像或其中某一个通道的色相、饱和度和明度。

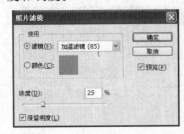  

图 4-14 "照片滤镜"对话框　　图 4-15 "阴影/高光"对话框　　图 4-16 "色相/饱和度"对话框

"色相/饱和度"对话框中各主要选项的含义如下：

⮑ 编辑：在此下拉列表框中包含 7 个选项，选择相应的选项，即可设置需要调整的颜色范围。

⮑ 色相、饱和度、明度：分别拖曳"色相"（范围为-180～180）、"饱和度"（范围为-100～100）和"明度"（范围为-100～100）文本框下方的滑块，或在其文本框中输入所需的数值，即可控制图像的色相、饱和度和明度。

○ 吸管：可以设置当前图像中需要调整的颜色范围，单击"吸管工具"按钮，并在图像中单击鼠标左键，可选定一种颜色作为调整的范围；单击"添加到取样"按钮，并在图像中单击鼠标左键，可以在原有颜色范围中增加当前单击处的颜色；单击"从取样中减去"按钮，并在图像中单击鼠标左键，可以在原有颜色上减去当前单击处的颜色。

○ 着色：选中该复选框后，可以将当前图像设置为单色图像。

"色相/饱和度"命令主要用于改变像素的色相及饱和度，而且还可以通过给像素指定新的色相和饱和度，实现为灰度图像上色的功能。

5."曝光度"命令

单击"图像"|"调整"|"曝光度"命令，弹出"曝光度"对话框（如图 4-17 所示），从中可以设置相关参数，来调整图像中由于曝光不足或曝光过度导致的缺陷。

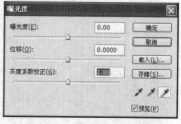

"曝光度"对话框中各主要选项的含义如下：

○ 曝光度：拖曳其下方的滑块或在该文本框中输入相应的数值，可调整图像中的高光区域。

图 4-17　"曝光度"对话框

○ 位移：拖曳其下方的滑块或在该文本框中输入相应的数值，可使图像的阴影和中间调区域变暗，但对高光区域的影响很小。

○ 灰度系数校正：拖曳其下方的滑块或在该文本框中输入相应的数值，可以通过简单的乘方函数调整图像的灰度区域。

4.2　边练实例

本节将在上一节理论的基础上练习实例的创作，通过调整图像曝光不足、调整图像亮度、制作黑白图像、反相图像和秋季图像 5 个实例，强化并延伸前面所学的知识，达到巧学活用、学有所成的目的。

4.2.1　调整图像曝光不足

本实例调整图像曝光不足，效果如图 4-18 所示。

图 4-18　调整图像曝光不足

本实例主要用到了"曲线"命令、"色彩平衡"命令和"色阶"命令等。其具体操作步骤如下：

(1) 单击"文件"|"打开"命令，打开一幅素材图像，如图 4-19 所示。

(2) 单击"图像"|"调整"|"曲线"命令，弹出"曲线"对话框，在控制曲线上单击鼠标左键，添加一个控制点，并设置"输出"和"输入"值分别为 238 和 205，如图 4-20 所示。

图 4-19　素材图像

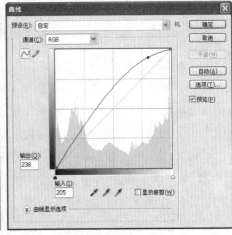
图 4-20　"曲线"对话框

(3) 单击"确定"按钮，即可得到调整图像曲线后的效果，如图 4-21 所示。

(4) 单击"图像"|"调整"|"色彩平衡"命令，弹出"色彩平衡"对话框。在"色彩平衡"选项区中设置"色阶"的值为-18、12 和-8，如图 4-22 所示。

图 4-21　调整曲线后的效果

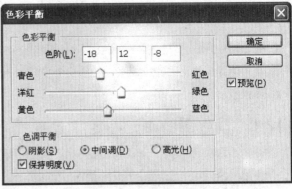
图 4-22　"色彩平衡"对话框

(5) 单击"确定"按钮，即可得到调整图像色彩平衡后的效果，如图 4-23 所示。

(6) 单击"图像"|"调整"|"色阶"命令，弹出"色阶"对话框，从中设置所需的参数，如图 4-24 所示。

(7) 单击"确定"按钮，即可得到调整图像色阶后的效果，完成图像曝光不足的调整，效果如图 4-25 所示。

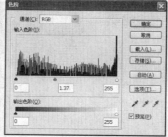

图 4-23　调整色彩平衡后的效果　　图 4-24　"色阶"对话框　图 4-25　调整图像曝光不足后的效果

4.2.2　调整图像亮度

本实例调整图像的亮度，效果如图 4-26 所示。

本实例主要用到了"曝光度"命令和"亮度/对比度"命令等。其具体操作步骤如下：

（1）单击"文件"|"打开"命令，打开一幅素材图像，如图 4-27 所示。

图 4-26　调整图像亮度后的效果　　　　　　　　图 4-27　素材图像

（2）单击"图像"|"调整"|"曝光度"命令，弹出
"曝光度"对话框，从中设置各参数，如图 4-28 所示。

（3）单击"确定"按钮，即可得到调整图像曝光度后
的效果，如图 4-29 所示。

（4）单击"图像"|"调整"|"亮度/对比度"命令，
弹出"亮度/对比度"对话框，从中设置"亮度"和"对比
度"分别为-47 和 16，如图 4-30 所示。

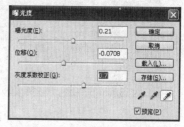

图 4-28　"曝光度"对话框

（5）单击"确定"按钮，即可得到调整亮度/对比度后的图像效果，如图 4-31 所示。

图 4-29　调整图像曝光度　　图 4-30　"亮度/对比度"对话框　　图 4-31　调整亮度/对比度

4.2.3　制作反相图像

本实例制作的是反相图像，效果如图 4-32 所示。

图 4-32　反相图像效果

本实例主要用到了"亮度/对比度"命令、"反相"命令和"色调分离"命令等。其具体操作步骤如下：

（1）单击"文件"|"打开"命令，打开一幅素材图像，如图 4-33 所示。

（2）单击"图像"|"调整"|"亮度/对比度"命令，弹出"亮度/对比度"对话框，从中设置"亮度"和"对比度"的值分别为 70 和 48，如图 4-34 所示。

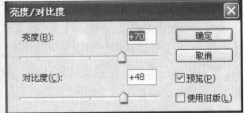

图 4-33　素材图像 　　　　　　　　　　图 4-34　"亮度/对比度"对话框

（3）单击"确定"按钮，即可得到调整亮度/对比度后的图像效果，如图 4-35 所示。

（4）单击"图像"|"调整"|"反相"命令，将图像反相处理，效果如图 4-36 所示。

图 4-35　调整亮度/对比度后的图像效果　　　　图 4-36　使用"反相"命令后的图像效果

（5）单击"图像"|"调整"|"色调分离"命令，弹出"色调分离"对话框，从中设置"色阶"为17，如图4-37所示，

（6）单击"确定"按钮，即可得到图像色调分离后的效果，完成图像反相效果的制作，如图4-38所示。

图4-37　"色调分离"对话框

图4-38　制作的反相图像效果

4.2.4　制作黑白图像

本实例制作的是黑白图像，效果如图4-39所示。

图4-39　黑白图像效果

本实例主要用到了"通道混合器"命令和"亮度/对比度"命令等。其具体操作步骤如下：

（1）单击"文件"|"打开"命令，打开一幅素材图像，如图4-40所示。

（2）单击"图像"|"调整"|"通道混合器"命令，弹出"通道混合器"对话框，从中选中"单色"复选框，并设置其他相应的参数，如图4-41所示。

（3）单击"确定"按钮，即可得到调整通道混合器后的图像效果，如图4-42所示。

图4-40　素材图像

图 4-41 "通道混合器"对话框 　　　图 4-42 调整通道混合器后的图像

（4）单击"图像"|"调整"|"亮度/对比度"命令，在弹出的"亮度/对比度"对话框中，设置"亮度"和"对比度"的值分别为 21 和-29，如图 4-43 所示。

（5）单击"确定"按钮，即可得到调整图像亮度/对比度后的效果，完成黑白图像的制作，效果如图 4-44 所示。

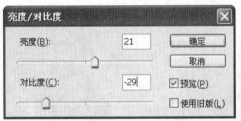

图 4-43 "亮度/对比度"对话框 　　　图 4-44 制作的黑白图像效果

4.2.5 制作秋季图像

本实例制作的是秋季图像，效果如图 4-45 所示。

图 4-45 秋季图像效果

本实例主要用到了"可选颜色"命令和"变化"命令等。其具体操作步骤如下：

（1）单击"文件"|"打开"命令，打开一幅素材图像，如图4-46所示。

（2）单击"图像"|"调整"|"可选颜色"命令，弹出"可选颜色"对话框，在"颜色"下拉列表框中选择"绿色"选项，并设置其他各参数，如图4-47所示。

（3）单击"确定"按钮，即可得到调整绿色后的效果，如图4-48所示。

图 4-46　素材图像

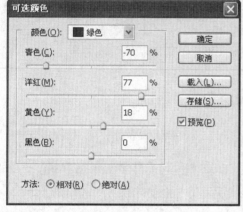

图 4-47　"可选颜色"对话框

图 4-48　调整绿色后的图像效果

（4）单击"图像"|"调整"|"可选颜色"命令，弹出"可选颜色"对话框，在"颜色"下拉列表框中选择"黄色"选项，并设置其他各参数，如图4-49所示。

（5）单击"确定"按钮，即可得到调整黄色后的效果，如图4-50所示。

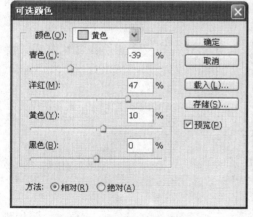

图 4-49　"可选颜色"对话框

图 4-50　调整黄色后的图像效果

（6）单击"图像"|"调整"|"变化"命令，弹出"变化"对话框，从中选择"加深红

色"选项,如图 4-51 所示。

(7)单击"确定"按钮,即可得到调整图像后的效果,完成秋季图像效果的制作,如图 4-52 所示。

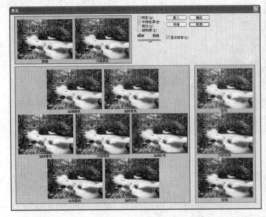

图 4-51 "变化"对话框

图 4-52 制作的秋季图像效果

课 堂 总 结

1.基础总结

本章的基础内容部分介绍了"曲线"、"色阶"、"色彩平衡"、"自动色阶"、"阈值"、"自动色阶"、"自动对比度"和"色调分离"等命令的使用方法,然后介绍了"黑白"、"去色"、"匹配颜色"、"通道混合器"、"色相/饱和度"、"匹配颜色"和"曝光度"等命令的作用,使读者全面掌握调整图像颜色和色调的基本操作。

2.实例总结

本章通过调整曝光不足、调整图像亮度,以及制作反相图像、黑白图像和秋季图像 5 个实例,强化了读者对"色彩平衡"、"阴影/高光"、"反相"和"通道混合器"等命令的理解。例如,使用"色彩平衡"命令为花朵添加的鲜艳效果;使用"阴影/高光"命令调整图像的明度,使用"反相"命令将彩色图像转变为具有艺术效果的反相图像;使用"通道混合器"命令将彩色图像转变为高清晰的黑白图像等,让读者在实练中巩固基础知识,提升操作的能力。

课 后 习 题

一、填空题

1.使用_____命令,可以用调节曲线的方式调整图像的高光色调、中间色调和暗色调。

2.使用_____命令,可将正片黑白图像变成负片,或将扫描的黑白负片转换为正片，还可将彩色图片转变为负片。

3．使用＿＿＿＿＿命令，可以将指定的渐变映射到图像的全部色阶中，从而得到一种具有彩色渐变效果的图像。

二、简答题

1．简述"自动色阶"命令与"色阶"命令的区别；

2．简述"黑白"命令与"阈值"命令的区别。

三、上机题

1．练习使用"色相/饱和度"命令，将一张黑白图像转换为彩色图像，如图 4-53 所示。

2．练习使用"变化"命令，制作晚霞效果，如图 4-54 所示。

图 4-53　制作的彩色图像

图 4-54　制作的晚霞效果

第 5 章 图层与文字

在 Photoshop CS3 中，图层和文字是进行平面设计时不可缺少的元素。图层可以用于组织和管理设计元素，也可以为图层添加图层样式，制作出特殊的图像效果；而文字则可以直接传递设计者所要表达的信息。

5.1 边学基础

本小节将介绍创建图层、创建文字和编辑文字的操作方法，如创建普通图层、转换"背景"图层、创建文字或文本，以及将文字转换为工作路径等。

5.1.1 普通图层和"背景"图层

普通图层与"背景"图层是图层当中最常见的两种图层类型，为了使读者更好地掌握普通图层和"背景"图层的功能及作用，下面将对它们进行详细介绍。

1. 普通图层

普通图层是指用一般方法创建的图层，是一种最常用的图层。普通图层可以通过混合图层的模式来实现与其他图层的融合，Photoshop CS3 中几乎所有的功能都可以在普通图层上得到应用。

创建普通图层的方法有 4 种，分别如下：

◐ 按钮：单击"图层"调板底部的"创建新图层"按钮 ▣ 。

◐ 菜单命令：单击"图层"|"新建"|"图层"命令。

◐ 选项：单击"图层"调板右上角的下拉按钮 ▾≡，在弹出的下拉菜单中选择"新建图层"选项。

◐ 快捷键：按【Ctrl＋Shift＋N】组合键。

执行以上任何一种操作，都会弹出"新建图层"对话框，如图 5-1 所示。从中可以设置新图层的名称、颜色、图层混合模式和不透明度等选项，设置完成后单击"确定"按钮，即可新建一个普通图层。

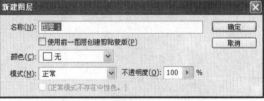

图 5-1 "新建图层"对话框

在按住【Ctrl】键的同时，单击"图层"调板底部的"创建新图层"按钮 ▣ ，也可新建图层，但如果当前图层为非"背景"图层，则新建的图层将位于当前图层的下方；若当前图层为"背景"图层，则新建图层将位于"背景"图层的上方。

2. "背景"图层

　　"背景"图层是一种不透明的图层,可用于制作图像的背景。用户不能对其应用任何混合模式,当打开一个有"背景"图层的图像时,可以看到在"背景"图层右侧有一个锁定图标 （如图5-2所示）,它表示当前图层呈锁定状态。

图 5-2　锁定图标

　　"背景"图层有 3 个特点,分别如下:

　　◯ "背景"图层是一个不透明的图层,以背景色为底色,且始终处于锁定状态。

　　◯ "背景"图层不能设置"不透明度"和"混合模式"。

　　◯ "背景"图层的图层名称始终为"背景",且一直位于所有图层的最下方。

　　　　　若需要更改"背景"图层的混合模式和不透明度,则需要先将"背景"图层转化为普通图层,再进行相应的操作。

　　将"背景"图层转换成普通图层的方法有两种,分别如下:

　　◯ 命令:单击"图层"|"新建"|"背景图层"命令。

　　◯ 双击:在"背景"图层上双击鼠标左键。

　　执行以上任何一种操作,都将弹出"新建图层"对话框（如图5-3所示）,从中可以设置新图层的名称、不透明度和图层混合模式。设置完成后,单击"确定"按钮,即可将"背景"图层转换为普通图层。

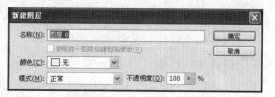

图 5-3　"新建图层"对话框

5.1.2　填充图层和调整图层

　　使用填充图层可以为当前图层填充颜色（纯色或渐变色）或图案,使用调整图层可以为当前图层应用多种图像效果。为了更好地了解和掌握填充图层和调整图层,下面分别对它们进行介绍。

1. 填充图层

　　使用填充图层可以创建填充有纯色、渐变色或图案的图层,填充图层不会影响其下方的图层。

　　新建填充图层的方法有 4 种,分别如下:

　　◯ 按钮:单击"图层"调板底部的"创建新的填充或调整图层"按钮 ,在弹出的下拉菜单中选择一种填充选项,并在弹出的对话框中设置好相应的参数,单击"确定"按钮即可在当前图层的上方创建一个填充图层。

↪ 命令 1：单击"图层"│"新建填充图层"│"纯色"命令，弹出"新建图层"对话框，从中设置好各参数后，单击"确定"按钮，即可新建一个纯色填充图层。

↪ 命令 2：单击"图层"│"新建填充图层"│"渐变"命令，弹出"新建图层"对话框，从中设置好各参数后，单击"确定"按钮，即可创建一个渐变填充图层。

↪ 命令 3：单击"图层"│"新建填充图层"│"图案"命令，弹出"新建图层"对话框，从中设置好各参数后，单击"确定"按钮，即可创建一个图案填充图层。

2．调整图层

调整图层本身表现为一个图层，其作用是调整图像的色调和色彩。使用调整图层可以对图像的颜色和色调进行调整，而不会修改图像中的像素。若要创建调整图层，只需单击"图层"调板底部的"创建新的填充或调整图层"按钮，在弹出的下拉菜单中选择相应的选项即可。

调整图层可应用于单个或多个图层，若要撤销对某一图层的调整效果，只需将该层移到调整图层的上方即可。若要取消对所有图层的调整，只需将调整图层隐藏即可。

由于调整图层将影响其下方的所有可见图层，因此在增加调整图层时，其位置的选择非常重要。默认情况下，调整图层创建于当前图层的上方。

5.1.3　"阴影"、"发光"和"颜色叠加"等图层样式

图层样式就是一系列能够为图层添加特殊效果的命令，包括"投影"、"外发光"、"内发光"、"斜面和浮雕"、"光泽"、"颜色叠加"、"渐变叠加"、"图案叠加"和"描边"等。通过"图层样式"对话框，可以编辑图层样式的效果，并将其中的一个或多个图层样式添加到当前图层中。具体操作方法是：单击"图层"调板底部的"添加图层样式"按钮 *fx.*，在弹出的下拉菜单中选择所需要的图层样式，在弹出的"图层样式"对话框中设置各选项的参数，然后单击"确定"按钮，即可应用相应的图像效果。

5.1.4　直排文字、横排文字、点文本和段落文本

创建文字是 Photoshop CS3 重要的功能之一，且其创建方法也有多种，下面进行详细介绍。

1．直排文字工具

选取直排文字工具 $\text{\bf{IT}}$ 后，其属性栏如图 5-4 所示，从中可以设置文字的字体、字号、对齐方式和文本颜色等。

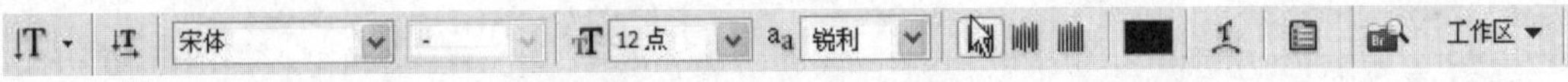

图 5-4　直排文字工具属性栏

下面通过一个小实例，介绍创建直排文字的方法，具体操作步骤如下：

（1）选取直排文字工具，在属性栏中设置字体为"汉仪菱心体简"、字号为 30 点、文

本颜色为红色，在图像窗口中的合适位置单击鼠标左键，此时，图像窗口中将出现一个闪烁的光标，在该位置输入相应的文字。

（2）输入完成后，按小键盘上的【Enter】键，即可完成直排文字的输入，效果如图 5-5 所示。

2. 横排文字工具

创建横排文字的方法与创建直排文字的方法相同，唯一不同的是文字的方向：横排文字的方向是水平的，而直排文字的方向是垂直的。

下面通过一个小实例，介绍创建横排文字的方法，具体操作步骤如下：

（1）选取横排文字工具 T，在属性栏中设置字体为"黑体"、字号为 60 点、文本颜色为深红色，在图像窗口中的合适位置单击鼠标左键，此时，图像窗口中将显示一个闪烁的光标，在该位置输入相应的文字。

（2）输入完成后，按小键盘上的【Enter】键，即可完成直排文字的输入，效果如图 5-6 所示。

> 直排文字与横排文字之间是可以相互转换的。具体操作方法是：使用任意文字工具选中文字后，单击"图层"|"文字"|"水平"或"图层"|"文字"|"垂直"命令，或在工具属性栏中单击"更改文字方向"按钮 T，即可切换文字的排列方向。

图 5-5 创建的直排文字

图 5-6 创建的横排文字

3. 点文本

点文本是指文字行的长度随文本的增加而变长、不会自动换行的输入形式，因此，输入点文本必须按大键盘上的【Enter】键才能换行。使用横排文字工具、直排文字工具、横排文字蒙版工具和直排文字蒙版工具，均可输入点文本。

下面通过一个小实例介绍创建点文本的方法，具体操作步骤如下：

（1）选取横排文字工具，在其属性栏中设置字体为"黑体"、字号为 14.37 点、文本颜色为青色（RGB 颜色参考值分别为 183、246、254），将鼠标指针移至图像窗口中的适当位置，单击鼠标左键确定插入点，然后输入所需要的文字，按大键盘上的【Enter】键可换行输入。

（2）输入完成后，按小键盘上的【Enter】键，即可完成点文本的输入，效果如图 5-7 所示。

4．段落文本

输入段落文字时，文字将基于外框的尺寸换行，可以输入多个段落并选择段落调整选项。

用户可以调整外框的大小，这将使文字在调整后的矩形内重新排列。可以在输入文字时或创建文字图层后调整外框，也可以使用外框来旋转、缩放和斜切文字。

下面通过一个小实例，介绍创建段落文本的方法，具体操作步骤如下：

（1）选取直排文字工具，在属性栏中设置字体为"宋体"、字号为 16 点、文本颜色为暗蓝色（RGB 颜色参考值分别为 21、29、190）。将鼠标指针移至图像窗口中的适当位置，按住鼠标左键并拖动鼠标，此时在图像窗口中会出现一个虚线框，释放鼠标后，在图像窗口中将显示段落文本框。

（2）在段落文本框中输入相应的文字，完成输入后按小键盘上的【Enter】键，即可完成段落文本的输入，效果如图 5-8 所示。

图 5-7　创建点文本

图 5-8　创建段落文本

　　段落文本与点文本的不同之处在于：输入段落文本时，当输入的文字到达段落文本框的边缘时，文字会自动换行，且文字会根据段落文本框的变化而调整；而点文本如果需要换行，则必须按键盘上的【Enter】键。

5.1.5　直排文字蒙版和横排文字蒙版

使用直排文字蒙版工具或横排文字蒙版工具，可以创建文字选区，从而实现多种颜色填充文字的效果。下面对其进行详细介绍。

1．直排文字蒙版工具

使用直排文字蒙版工具，创建的是直排文字选区，因此，用户可以对其填充多种不同的效果。

选取直排文字蒙版工具，在图像窗口中单击鼠标左键，输入相应的文字，按小键盘中的【Enter】键确认，即可完成输入。图 5-9 所示为使用直排文字蒙版工具创建的选区。

> 创建文字选区与创建文字的方法相似，只是确认输入的文字选区后，无法再对其进行文字属性的编辑，所以当用户单击"提交所有当前编辑"按钮 ✓ 之前，应该确认是否已经设置好所有的文字属性。

2. 横排文字蒙版工具

横排文字蒙版工具的使用方法与直排文字蒙版工具的使用方法相同，选取横排文字蒙版工具后，在图像窗口中单击鼠标左键，并输入相应的文字，然后按小键盘上的【Enter】键确认，即可完成输入。图 5-10 所示为使用横排文字蒙版工具创建的选区。

图 5-9　创建的直排文字选区　　　　　　图 5-10　创建的横排文字选区

5.1.6 转换文字

通过转换文字，可以制作出所需的文字效果，它包括将文字转换为工作路径和将文字图层转换为普通图层，下面分别进行介绍。

1. 将文字转为工作路径

选择需要转换的文字，然后单击"图层"|"文字"|"创建工作路径"命令，可以由文字直接生成工作路径，然后即可以通过路径选择工具或直接选择工具，对文字路径进行调整。

2. 将文字图层转为普通图层

选择需要转换的文字图层，单击"图层"|"栅格化"|"文字"命令，即可将文字图层转换为普通图层，以便于使用"滤镜"菜单下的命令和工具箱中的工具对其进行操作。

5.2　边练实例 ➡

本节将在上一节理论的基础上练习实例的制作，通过制作艺术照片、弯曲文字、木纹相框、多彩文字和夜空圆月 5 个实例，强化和延伸前面所学的知识点，从而达到学以致用的目的。

5.2.1 制作艺术照片

本实例制作的是艺术照片，效果如图 5-11 所示。

本实例主要用了"图层"|"新建调整图层"|"色相/饱和度"命令。其具体操作步骤如下：

（1）单击"文件"|"打开"命令，打开一幅素材图像，如图 5-12 所示。

　　　图 5-11　艺术照片效果　　　　　　　　　图 5-12　素材图像

（2）单击"图层"|"新建调整图层"|"色相/饱和度"命令，弹出"新建图层"对话框，如图 5-13 所示。

（3）保持该对话框中的默认设置，单击"确定"按钮，即可新建一个调整图层，如图 5-14 所示。同时，将弹出"色相/饱和度"对话框，从中选中"着色"复选框，并设置"色相"和"饱和度"分别为 202 和 78，如图 5-15 所示。

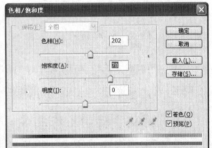

　图 5-13　"新建图层"对话框　　图 5-14　"图层"调板　　图 5-15　"色相/饱和度"对话框

（4）单击"确定"按钮，即可得到调整色相/饱和度后的图像效果，完成艺术照片效果的制作，如图 5-16 所示。

5.2.2 制作弯曲文本

本实例制作的是弯曲文本，效果如图 5-17 所示。

本实例主要用到了横排文字工具和直排文字工具等。其具体操作步骤如下：

图 5-16　制作的艺术照片效果

（1）单击"文件"|"打开"命令，打开一幅素材图像，如图 5-18 所示。

图 5-17 弯曲文本效果　　　　　　　　　　　图 5-18 素材图像

（2）选取钢笔工具，在其属性栏中单击"路径"按钮，并在图像窗口中的合适位置绘制一条开放的曲线路径，效果如图 5-19 所示。

（3）选取横排文字工具 **T**，在其属性栏中单击"显示/隐藏字符和段落调板"按钮 。在打开的"字符"调板中，设置字体为"隶书"、字号为 45 点、字距为 150、"垂直缩放"为 130%、"颜色"为紫色（RGB 颜色参考值分别为 175、116、242），在图像窗口中的开放路径上单

图 5-19 绘制开放路径

击鼠标左键，输入文字"闪烁的星空，自由的花瓣"，并单击属性栏中的"提交所有当前编辑"按钮 ，完成文字的输入，效果如图 5-20 所示。

（4）单击"图层"调板底部的"添加图层样式"按钮，在弹出的下拉菜单中选择"描边"选项，弹出"图层样式"对话框。在该对话框的"描边"选项区中设置"颜色"为白色，如图 5-21 所示。

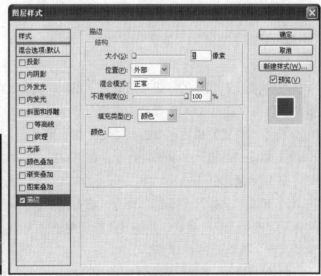

图 5-20 输入文字　　　　　　　　　　　图 5-21 "图层样式"对话框

（5）单击"确定"按钮，即可为文字添加描边效果，如图 5-22 所示。

（6）单击"窗口"|"路径"命令，打开"路径"调板，单击调板中的灰色空白处，隐

藏路径，完成弯曲文本效果的制作，如图 5-23 所示。

图 5-22　描边文字　　　　　　　　　　　　　图 5-23　隐藏路径

5.2.3　制作木纹相框

本实例制作的是木纹相框，效果如图 5-24 所示。

本实例主要用到了图层和图层样式的相关操作。其具体操作步骤如下：

（1）单击"文件"｜"打开"命令，打开一幅素材图像，如图 5-25 所示。

图 5-24　木纹相框效果　　　　　　　　　　图 5-25　素材图像

（2）单击"图层"｜"新建"｜"图层"命令，新建"图层 1"，如图 5-26 所示。

（3）单击工具箱中的"设置前景色"色块，在弹出的对话框中设置前景色为深黄色（RGB 颜色参考值分别为 156、133、92），如图 5-27 所示。设置完成后，单击"确定"按钮即可。

（4）单击"编辑"｜"填充"命令，在"图层 1"中填充前景色，效果如图 5-28 所示。

图 5-26　"图层"调板

（5）单击"选择"｜"全部"命令，将整幅图像载入选区，单击"选择"｜"变换选区"命令，并拖曳鼠标调整选区大小，按【Enter】键确认操作，效果如图 5-29 所示。

（6）按【Delete】键，删除选区中的内容，单击"选择"｜"取消选择"命令，取消选区，效果如图 5-30 所示。

（7）单击"图层"调板底部的"添加图层样式"按钮 *fx.*，在弹出的下拉菜单中选择"投影"选项，弹出"图层样式"对话框，如图 5-31 所示。

图 5-27 设置前景色

图 5-28 填充图像

图 5-29 删除图像内容

图 5-30 取消选区

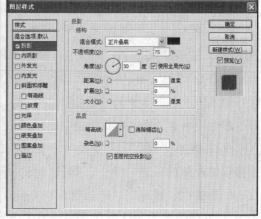

图 5-31 "图层样式"对话框

（8）在该对话框左侧的列表中选择"纹理"选项，并在右侧的"纹理"选项区中设置"缩放"值为 1%，如图 5-32 所示。

（9）单击"确定"按钮，完成图层样式的设置。制作完成的木纹相框效果如图 5-33 所示。

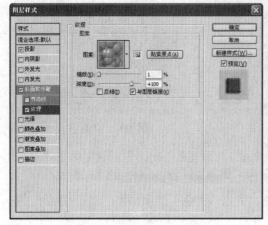

图 5-32 "纹理"选项区

图 5-33 制作的木纹相框效果

5.2.4 制作多彩文字

本实例制作的是多彩文字，效果如图 5-34 所示。

本实例主要用到了横排文字工具和"创建路径"命令等，其具体操作步骤如下：

（1）单击"文件"|"打开"命令，打开一幅素材图像，如图 5-35 所示。

图 5-34　多彩文字效果　　　　　　　　　图 5-35　打开的素材图像

（2）选取横排文字工具 T，在其属性栏中单击"显示/隐藏字符和段落调板"按钮 ，弹出"字符"调板。从中设置"颜色"为淡紫色（RGB 颜色参考值分别为 175、116、242）、字号为 58.18 点、字体为"黑体"、字距为 140。在图像窗口中输入文字"冲出快乐心情"，单击属性栏中的"提交所有当前编辑"按钮 ，完成文字的输入，效果如图 5-36 所示。

（3）单击"编辑"|"变换"|"旋转"命令，此时文字周围出现变换控制框，将鼠标指针移至控制框的任意一角上，当鼠标指针呈旋转形状时，拖曳鼠标对其进行旋转调整，按【Enter】键确认操作，效果如图 5-37 所示。

（4）在按住【Ctrl】键的同时，单击"图层"调板中文字图层的缩略图，载入文字选区。单击"选择"|"修改"|"扩展"命令，弹出"扩展选区"对话框，设置"扩展量"为 4，单击"确定"按钮扩展选区，效果如图 5-38 所示。

图 5-36　输入文字　　　　　　图 5-37　旋转文字　　　　　　图 5-38　扩展选区

（5）单击"图层"|"新建"|"图层"命令，弹出"新建图层"对话框，从中单击"确定"按钮，新建"图层 1"。选取渐变工具，单击其属性栏中的"点按可编辑渐变"色块，弹出"渐变编辑器"窗口，在"预设"列表框中选择"橙色、黄色、橙色"选项，并在其下方设置色标颜色依次为黄色（RGB 颜色参考值分别为 253、221、2）、白色、橙色，如图 5-39 所示。

（6）单击"确定"按钮，将其设为当前的渐变色。从图像窗口的左上角向右下角拖曳鼠标，渐变填充选区，效果如图 5-40 所示。

（7）单击"选择"|"取消选择"命令，取消选区。在"图层"调板中，将"图层 1"拖曳至文字图层的下方，完成多彩文字效果的制作，如图 5-41 所示。

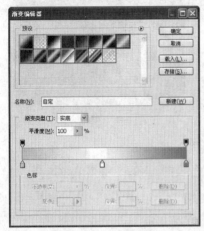

图 5-39　编辑渐变色　　　　图 5-40　渐变填充选区　　　图 5-41　制作的多彩文字效果

5.2.5　制作夜空圆月

本实例制作的是夜空圆月，效果如图 5-42 所示。

本实例主要用到了椭圆选框工具、"填充"命令和"图层"样式等，其具体操作步骤如下：

（1）单击"文件"|"打开"命令，打开一幅素材图像，如图 5-43 所示。

图 5-42　夜空圆月效果　　　　　　　　　　图 5-43　打开素材图像

（2）选取椭圆选框工具，按住【Alt+Shift】组合键的同时，在图像窗口中按住鼠标左键并拖动鼠标，绘制出一个正圆选区，效果如图 5-44 所示。

（3）单击"图层"|"新建"|"图层"命令，新建"图层 1"，如图 5-45 所示。

（4）单击工具箱中的"设置前景色"色块，弹出"拾色器（前景色）"对话框，从中设置前景色为淡青色（RGB颜色参考值分别为 225、248、255），如图 5-46 所示。

（5）设置完成后，单击"确定"按钮关闭对话框，单击"编辑"|"填充"命令，在选区中填充前景色，效果如图 5-47 所示。

图 5-44　绘制正圆选区

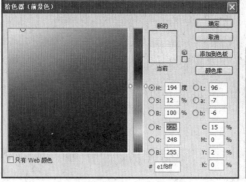

图 5-45 新建图层　　　　图 5-46 "拾色器（前景色）"对话框　　　　图 5-47 填充选区

（6）单击"选择"｜"取消选择"命令，取消选区，效果如图 5-48 所示。

（7）单击"图层"调板底部的"添加图层样式"按钮 fx，在弹出的下拉菜单中选择"外发光"选项，弹出"图层样式"对话框。从中设置发光颜色为淡青色（RGB 颜色参考值分别为 240、251、255）、"大小"为 76、"范围"为 66，如图 5-49 所示。

（8）单击"确定"按钮，得到添加图层样式后的图像效果，完成夜空圆月效果的制作，如图 5-50 所示。

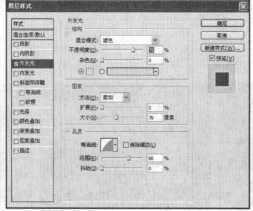

图 5-48 取消选区　　　　图 5-49 "图层样式"对话框　　　　图 5-50 夜空圆月效果

课 堂 总 结

1．基础总结

本章的基础内容部分介绍了图层的基础知识，让读者认识普通图层、"背景"图层、填充图层、调整图层和图层样式；接下来介绍了文字工具，如横排文字工具、直排文字工具、横排文字蒙版工具和直排文字蒙版工具的使用方法，让读者全面了解并掌握图层和文字工具的基本操作和作用。

2．实例总结

本章通过制作艺术彩照、弯曲文本、木纹相框、多彩文字和夜空圆月 5 个实例，强化训练了读者对图层与文字的应用。例如，使用"新建调整图层"命令将黑白图像变为蓝色图像、使用文字工具创建弯曲文本、使用各种图层样式为夜空圆月添加发光效果，从而让读者在实践中巩固基础知识，提升操作能力。

课 后 习 题

一、填空题

1. 使用＿＿＿＿命令可以创建填充有"纯色"、"渐变"或"图案"的图层。
2. 创建文字选区的工具有＿＿＿＿和＿＿＿＿。
3. 按＿＿＿＿组合键，可新建一个普通图层。

二、简答题

1. 简述创建普通图层的方法。
2. 简述创建段落文本的方法。

三、上机题

1. 练习使用文字工具制作汽车广告效果，如图 5-51 所示。
2. 练习使用文字工具和图层样式等制作文字效果，如图 5-52 所示。

图 5-51　汽车广告

图 5-52　文字效果

第 6 章　路径与形状

Photoshop CS3 中提供了多种绘制与编辑路径和形状的工具，使用这些工具可以绘制出规则或不规则的路径或形状。本章将介绍编辑路径与形状的方法。

6.1　边学基础

本节将介绍绘制路径和形状的工具，从而使读者掌握其使用方法，制作出丰富多彩的图像效果。

6.1.1　钢笔和自由钢笔工具

路径并不是图像中真实的像素区域，但其可以帮助用户编辑制作出各种形状的图像，使用钢笔工具和自由钢笔工具可绘制路径，下面进行详细介绍。

1．钢笔工具

钢笔工具 是建立路径的基本工具，使用它可以绘制出光滑而复杂的路径。使用钢笔工具绘制路径的具体操作步骤如下：

（1）选取钢笔工具，将鼠标指针移至图像窗口中的合适位置，单击鼠标左键，确定路径的起始点，即添加路径上的第 1 个锚点，如图 6-1 所示。

（2）将鼠标指针移至另一位置，按住鼠标左键并拖动鼠标，确定第 2 个锚点，在这两个锚点之间将自动创建曲线路径，如图 6-2 所示。

（3）用同样的方法，在图像窗口中的其他位置创建所需的锚点，最后将鼠标指针移至起始点上，单击鼠标左键即可完成一个封闭式曲线路径的绘制，效果如图 6-3 所示。

> 专家提醒
>
> 用户在使用钢笔工具绘制路径时，按住【Alt】键的同时拖曳控制柄，可以调整锚点上控制柄的位置和方向；按住【Ctrl】键的同时拖曳锚点，则可以调整锚点的位置。

图 6-1　添加锚点

图 6-2　创建曲线

图 6-3　绘制闭合曲线路径

选取钢笔工具后，其属性栏如图6-4所示，从中可以设置与钢笔工具相关的属性。

图 6-4　钢笔工具属性栏

钢笔工具属性栏中各主要选项的含义如下：

● "形状图层"按钮 ▣：单击该按钮，可在绘制路径的同时建立一个形状图层，且将路径内的区域填充为前景色。

● "路径"按钮 ▩：单击该按钮时，将只绘制工作路径，而不会同时创建一个形状图层。

● "填充像素"按钮 □：单击该按钮时，当前路径内的区域将被直接填充前景色。

● "自动添加/删除"复选框：选中该复选框后，在图像窗口中已有的路径上单击鼠标左键，可以在单击处增加一个锚点；若直接单击已有的锚点，则可删除该锚点。

● "添加到路径区域"按钮 ▣：单击此按钮，表示新创建的路径或形状将与原有路径或形状进行合并，形成最终的路径。

● "从路径区域减去"按钮 ▢：单击此按钮，表示将从原有的路径或形状减去与新创建的路径或形状相交的部分，形成最终的路径。

● "交叉路径区域"按钮 ▣：单击此按钮，表示选择新创建的路径或形状与原有的路径或形状的交集部分，形成最终的路径。

● "重叠路径区域除外"按钮 ▣：单击此按钮，表示从新建及原有的路径或形状的并集中，去掉原有与新建路径或形状的交集。

当路径绘制完成后，按【Ctrl＋Enter】组合键，可以将路径转换为选区。

2. 自由钢笔工具

自由钢笔工具 ♦ 通过绘制曲线来勾画路径，使用该工具可以非常灵活地在图像中绘制出曲线路径，其使用方法与使用画笔工具绘制曲线的方法相似。图6-5所示为使用自由钢笔工具绘制的曲线路径。

图 6-5　绘制闭合曲线路径

在自由钢笔工具属性栏中，选中"磁性的"复选框，可以激活磁性钢笔工具 ♦，此时自由钢笔工具具有自动吸附的功能。

6.1.2　矩形、圆角矩形和椭圆工具

使用矩形工具、圆角矩形工具和椭圆工具，可以轻松地绘制出各种常见的规则图形，下面分别进行介绍。

1．矩形工具

使用矩形工具 ▢ 可以绘制出矩形路径或形状，绘制的方法是：选取矩形工具，将鼠标指针移至图像窗口中，按住鼠标左键并拖动鼠标，至合适大小后释放鼠标。此时，即可绘制出所需的形状或路径，并将路径保存在"路径"调板中。

> 选取矩形工具，按住【Alt＋Shift】组合键的同时，在图像窗口中按住鼠标左键并拖动鼠标，可绘制出以起始点为中心的正方形的路径或形状。

选取矩形工具后，用户可在其属性栏中设置其相关属性，如图 6-6 所示。

2．圆角矩形工具

选取圆角矩形工具 ▢ 后，其属性栏如图 6-7 所示。该属性栏与矩形工具属性栏基本相同，不同之处在于其多了一个"半径"选项，此选项主要用于控制圆角矩形中 4 个角的圆滑程度，其数值越大，则所绘制的 4 个角越圆滑。

图 6-6　矩形工具属性栏 　　　　　　　图 6-7　圆角矩形工具属性栏

> 在圆角矩形工具的属性栏中，若设置"半径"为 0，则圆角矩形工具与矩形工具的功能相同。

3．椭圆工具

使用椭圆工具 ◯ ，可以绘制椭圆或正圆形路径或形状。选取椭圆工具，在图像窗口中按住鼠标左键并拖动鼠标，至合适位置后释放鼠标，即可绘制出椭圆形路径或形状。

> 使用椭圆工具绘制正圆形路径或形状时，需按住【Shift】键，同时在图像窗口中按住鼠标左键并拖动鼠标。

6.1.3　自定形状、直线和多边形工具

使用自定义形状工具、直线工具和多边形工具，可以绘制出一些特殊的路径和形状，下面分别进行介绍。

1．自定形状工具

使用自定形状工具可以快速地绘制出各种预设形状，如箭头、剪刀、边框、花朵和音乐符等。

选取自定形状工具 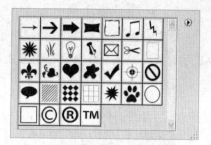，在其属性栏中单击"形状"
选项右侧的下拉按钮 ，弹出"自定形状"选取器，如
图 6-8 所示。其中显示了多个预设形状，用户可根据需
要进行选择。

2．直线工具

使用直线工具 可以绘制直线型的形状和路径。
选取直线工具后，属性栏中会出现一个"粗细"选项，
主要用于设置直线的粗细，它的取值范围为 1 ~ 1000px，该值越大，绘制出来的线条越粗。

图 6-8　"自定形状"选取器

> 使用直线工具绘制直线时，如果同时按住【Shift】键，可绘制垂直、水平或
> 成 45 度角的倍数的直线路径或形状。

3．多边形工具

使用多边形工具 可以绘制等边的多边形，如等边三角形、五角形、八角形和星形等。
绘制多边形的方法与绘制矩形的方法一样，另外，用户还可以单击"自定形状工具"按钮右
侧的下拉按钮 ，弹出"多边形选项"面板，从中选中"星形"复选框，可以绘制星形效果
的路径或形状；若选中"平滑拐角"复选框，可以得到平滑的星形或多边形图形。

6.1.4　添加锚点和删除锚点工具

为了调整路径或形状的外观，可以对其锚点进行添加和删除等操作，下面分别进行介绍。

1．添加锚点工具

选取添加锚点工具 ，在某个路径上单击鼠标左键，即可在单击处增加一个锚点，同时
在锚点两侧出现控制柄，拖曳控制柄，可对路径进行调整。

2．删除锚点工具

选取删除锚点工具 ，在路径中需要删除的锚点上单击鼠标左键，即可删除该锚点，而
原有路径的形状将自动调整以保持连贯。

6.1.5　路径选择和直接选择工具

对已有的路径进行编辑操作时，通常需要移动路径中的锚点或整条路径，而执行这些操
作时，需要使用路径选择工具和直接选择工具，下面分别进行介绍。

1．路径选择工具

若要对整条路径进行移动，可选取路径选择工具 ，在路径上单击鼠标左键，即可选
择整条路径，此时，所有锚点以黑色小方块显示，效果如图 6-9 所示。若在路径上按住鼠标
左键并拖动鼠标，可以移动路径。

2. 直接选择工具

选取直接选择工具 ，在路径中的某个锚点上单击鼠标左键，该锚点将以黑色小方块显示，而其他锚点则以空心小方块显示，效果如图 6-10 所示。

图 6-9　选择整条路径　　　　　　　　　　　图 6-10　选择某个锚点

若要复制路径，可选取路径选择工具或直接选择工具，然后在按住【Alt】键的同时，在路径上按住鼠标左键并拖动鼠标，即可复制被拖曳的路径。

6.1.6 描边和填充路径

编辑路径时，除了可以选择、添加、删除和调整锚点外，还可对路径进行描边和填充操作，下面分别对它们进行介绍。

1. 描边路径

通过描边路径操作，可以用前景色沿当前路径的形状进行描边，如果使用的是绘图工具，则还可以得到更丰富的图像效果。

描边路径的方法有 3 种，分别如下：

➲ 按钮：选取目标路径，单击"路径"调板底部的"用画笔描边路径"按钮 。

➲ 选项 1：利用路径选择工具选取目标路径，在路径上单击鼠标右键，然后在弹出的快捷菜单中选择"描边子路径"选项。

➲ 选项 2：选取目标路径，单击"路径"调板右上角的 按钮，在弹出的下拉菜单中选择"描边子路径"选项。

2. 填充路径

填充路径就是在指定的路径内填入颜色或图案。默认情况下，单击"路径"调板底部的"用前景色填充路径"按钮 ，即可为当前路径填充前景色。

若要详细设置填充路径的参数及样式，可在按住【Alt】键的同时，单击"路径"调板底部的"用前景色填充路径"按钮，弹出"填充路径"对话框，从中可以设置填充的内容、

图 6-11　"填充路径"对话框

图层混合模式、羽化半径和消除锯齿等参数，如图 6-11 所示。

6.2　边练实例

本节将在上一节理论的基础上练习实例，通过制作背景装饰、星光闪烁效果、花样相框、浮雕相框和头部隐像 5 个实例，强化并延伸前面所学的知识点，达到巧学活用的目的。

6.2.1　制作背景装饰

本实例绘制的是背景装饰，效果如图 6-12 所示。

本实例主要用到了自定形状工具和"用前景色填充路径"按钮等。其具体操作步骤如下：

（1）单击"文件"|"打开"命令，打开一幅素材图像，如图 6-13 所示。

图 6-12　背景装饰效果　　　　　　　　　　　图 6-13　素材图像

（2）选取自定形状工具，在其属性栏中单击"形状"选项右侧的下拉按钮，弹出"自定形状"选取器，单击该面板右上角的按钮，在弹出的下拉菜单中选择"自然"选项。

（3）在弹出的提示信息框中单击"确定"按钮，所有"自然"形状将会显示在"自定形状"选取器中，从中选择"花 3"选项，如图 6-14 所示。

（4）在属性栏中单击"路径"按钮，并在图像窗口中人物右侧的空白位置按住鼠标左键并拖动鼠标，至适当位置后释放鼠标，绘制"花 3"路径，效果如图 6-15 所示。

（5）单击"窗口"|"路径"命令，打开"路径"调板，此时"路径"调板中将出现绘制的路径，如图 6-16 所示。

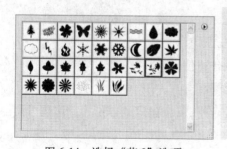

图 6-14　选择"花 3"选项　　　图 6-15　绘制路径　　　图 6-16　绘制的路径

（6）单击 "设置前景色"色块，设置前景色为浅绿色（RGB 颜色参考值分别为 152、210、136），如图 6-17 所示。设置完成后，单击"确定"按钮，将其设置为前景色。

（7）单击"路径"调板底部的"用前景色填充路径"按钮 ，利用前景色填充该路径，在"路径"调板中的灰色空白处单击鼠标左键，隐藏路径，效果如图 6-18 所示。

（8）用同样的方法，在图像窗口中的其他位置绘制"花 2"路径，填充并隐藏路径，完成背景装饰效果的制作，如图 6-19 所示。

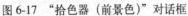

图 6-17　"拾色器（前景色）"对话框　　　　图 6-18　填充路径　　　　图 6-19　绘制背景装饰的效果

6.2.2　制作星光闪烁效果

本实例绘制的是星光闪烁效果，如图 6-20 所示。

本实例主要用到了多边形工具和"用前景色填充路径"按钮等，其具体操作步骤如下：

（1）单击"文件"|"打开"命令，打开一幅素材图像，如图 6-21 所示。

图 6-20　星光闪烁效果　　　　　　　　　图 6-21　素材图像

（2）选取多边形工具 ，在其属性栏中单击"几何选项"按钮 ，在弹出的"多边形选项"面板中选中"平滑拐角"、"星形"和"平滑缩进" 3 个复选框，如图 6-22 所示。

（3）在属性栏中设置"边数"为 6，在图像窗口的左上角，在按住【Shift】的同时，按住鼠标左键并拖动鼠标，至合适位置后释放鼠标，绘制相应的星形路径，效果如图 6-23 所示。

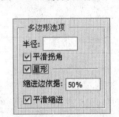

图 6-22　"多边形选项"面板

（4）在属性栏中单击"添加到路径区域"按钮 ，并在图像窗口中分别绘制边数分别为 5 和 8 的多个平滑星形，效果如图 6-24 所示。

（5）单击"设置前景"色块，在弹出的对话框中设置前景色为黄色（RGB 颜色参考值分别为 255、243、174）。单击"窗口"|"路径"命令，打开"路径"调板，单击该调板底部的"用前景色填充路径"按钮 ，在路径中填充前景色，在该调板的灰色空白处单击鼠标

左键，隐藏路径，完成星光闪烁效果的制作，如图 6-25 所示。

图 6-23　绘制 6 边路径　　　图 6-24　绘制多边路径　　　图 6-25　绘制的星光闪烁效果

6.2.3　制作花样相框

本实例制作的是花样相框，效果如图 6-26 所示。

图 6-26　花样相框效果

本实例主要用到了圆角矩形工具和"用画笔描边路径"按钮等。其具体操作步骤如下：

（1）单击"文件"｜"打开"命令，打开一幅素材图像，如图 6-27 所示。

（2）选取圆角矩形工具 ，在其属性栏中设置"半径"为 20px，并单击"路径"按钮 ，然后在图像窗口中的适当位置按住鼠标左键并拖动鼠标，至合适位置后释放鼠标，即可创建一个圆角矩形路径，效果如图 6-28 所示。

（3）设置前景色为黄色（RGB 颜色参考值分别为 255、255、0）。选取画笔工具，在"画笔预设"选取器中选择"缤纷蝴蝶"笔触选项，设

图 6-27　素材图像

置画笔"主直径"为 13px。单击"窗口"｜"画笔"命令，弹出"画笔"调板，选择"形状动态"选项，并设置"大小抖动"为 100%、"最小直径"为 15% 和"圆度抖动"为 56%；

选择"散布"选项，并从中设置"散布"为 255%、"数量"为 2 和"数量抖动"为 23%；选择"颜色动态"选项，并从中设置"前景/背景抖动"为 10%、"色相抖动"为 17% 和"纯度"为-19%，取消选择其他默认的选项，如图 6-29 所示。

图 6-28　绘制圆角矩形路径

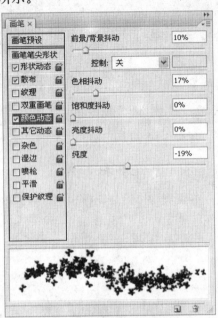

图 6-29　"画笔"调板

（4）单击"窗口"|"路径"命令，打开"路径"调板，单击两次该调板底部的"用画笔描边路径"按钮 ○，即可得到图像描边效果，如图 6-30 所示。

（5）在该调板的灰色空白处单击鼠标左键，隐藏路径，完成花样相框效果的制作，如图 6-31 所示。

图 6-30　描边路径

图 6-31　制作的花样相框效果

6.2.4　制作浮雕相框

本实例制作的是浮雕相框，效果如图 6-32 所示。

本实例主要用到了矩形工具和矩形选框工具等。其具体操作步骤如下：

（1）单击"文件"|"打开"命令，打开一幅素材图像，如图 6-33 所示。

图 6-32　浮雕相框效果　　　　　　　　　　　　　　　图 6-33　素材图像

（2）选取矩形工具 ▢，在其属性栏中单击"形状图层"按钮 ▢，并单击"样式"选项右侧的下拉按钮 ▾，弹出"样式"选取器（如图 6-34 所示），从中选择"雕刻天空"选项。

（3）在图像窗口中按住鼠标左键并拖动鼠标，至合适位置后释放鼠标，绘制一个覆盖整个文件的矩形，效果如图 6-35 所示。此时，"图层"调板中将自动新建一个"形状 1"图层，并自动为该图层添加了图层样式，如图 6-36 所示。

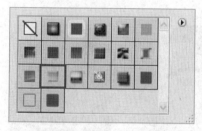

图 6-34　"样式"选取器　　　　　图 6-35　绘制矩形　　　　　图 6-36　"图层"调板

（4）在"形状 1"图层上单击鼠标右键，并在弹出的快捷菜单中选择"栅格化图层"选项，此时，形状图层将自动转换为普通图层。选取矩形选框工具 ▢，在图像中绘制一个矩形选框，效果如图 6-37 所示。

（5）按【Delete】键删除选区中的图像，单击"选择"|"取消选择"命令，取消选区，完成浮雕相框效果的制作，效果如图 6-38 所示。

图 6-37　创建选区　　　　　　　　　　　图 6-38　制作的浮雕相框效果

6.2.5 制作头部隐像

本实例制作的是头部隐像，效果如图 6-39 所示。

本实例主要用到了钢笔工具和路径选择工具等。其具体操作步骤如下：

（1）单击"文件"｜"打开"命令，打开一幅素材图像，如图 6-40 所示。

图 6-39　头部隐像效果　　　　　　　　　　　　　图 6-40　素材图像

（2）选取钢笔工具 ，在图像窗口中沿人物的轮廓创建路径，效果如图 6-41 所示。

（3）单击"设置前景色"色块，设置前景色为蓝色（RGB 颜色参考值分别为 33、33、164）。单击"窗口"｜"路径"命令，打开"路径"调板，单击该调板底部的"用前景色填充路径"按钮 ，填充路径。在"路径"调板中的灰色空白处单击鼠标左键，隐藏路径，完成头部隐像效果的制作，效果如图 6-42 所示。

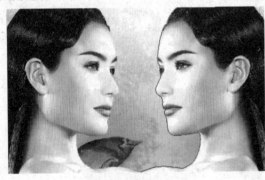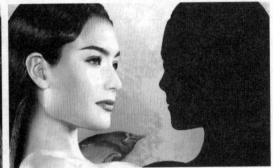

图 6-41　创建路径　　　　　　　　　　　　　图 6-42　制作的头部隐像效果

课 堂 总 结

1．基础总结

本章的基础内容部分主要介绍了绘制路径或形状的工具，如钢笔工具、自由钢笔工具、矩形工具、自定形状工具和多边形工具；同时介绍了编辑路径的相关工具，如添加锚点工具、删除锚点工具、路径选择工具和直接选择工具，以及"用画笔描边路径"按钮和"用前景色填充路径"按钮，以便于读者掌握创建和编辑路径的基本操作。

2．实例总结

本章的实例操作部分通过制作背景装饰、星光闪烁效果、花样相框、浮雕相框和头部隐像 5 个实例，强化训练了自定形状工具、多边形工具和钢笔工具的使用方法。例如，使用自定形状工具绘制花形路径；使用多边形工具绘制星光闪烁效果中的星形和使用钢笔工具绘制隐像美女路径，让读者在实练中巩固基础知识，提升实际操作能力。

课 后 习 题

一、填空题

1. 在绘制路径的过程中，使用_____工具，可以删除锚点。
2. 选取工具箱中的_____工具，可以绘制椭圆或正圆路径和图形。
3. 选取工具箱中的_____工具，可以对整个路径进行移动。

二、简答题

1. 简述钢笔工具的作用和使用方法。
2. 简述描边路径的方法。

三、上机题

1. 练习使用椭圆工具、钢笔工具和"将路径作为选区载入"按钮等，绘制变装娃娃，最终效果如图 6-43 所示。

2. 练习使用钢笔工具结合路径选择工具和"用前景色填充路径"按钮等，绘制盛开的花朵，最终效果如图 6-44 所示。

图 6-43　绘制变装娃娃

图 6-44　绘制盛开的花朵

第 7 章 通道、蒙版与滤镜

在 Photoshop 中，可以利用通道、蒙版和滤镜制作出各种各样的图像特效。本章介绍有关通道、蒙版和滤镜的知识。

7.1 边学基础 ➡

通过对本节基础内容的学习，可以帮助读者掌握通道、蒙版和滤镜等特效制作技能。

7.1.1 保存和载入通道

在 Photoshop 中，用户可以将选区保存为通道或将通道作为选区载入，来实现精确抠图的目的。

1．将选区保存为通道

如果在操作过程中创建的选区需要多次重复使用，则可以将选区存储为通道，以方便以后使用。

将选区存储为通道的方法有两种，分别如下：

➲ 按钮：如果当前图像窗口中存在选区，则单击"通道"调板底部的"将选区存储为通道"按钮 ◙，即可将当前选区保存为一个新通道。

➲ 命令：单击"选择"|"存储选区"命令，在弹出的"存储选区"对话框中设置好所需的参数，单击"确定"按钮，即可将当前选区保存为通道。

2．将通道作为选区载入

若在操作过程中，需要用到通道中已存储的选区，可载入该选区。

载入选区的方法有两种，分别如下：

➲ 按钮：在"通道"调板中选择需要载入的 Alpha 通道，单击"将通道作为选区载入"按钮 ◌，即可载入该 Alpha 通道中所保存的选区。

➲ 命令：单击"选择"|"载入选区"命令，然后在弹出的"存储选区"对话框中设置好各参数，单击"确定"按钮，即可将所选通道作为选区载入。

> 按住【Ctrl】键的同时，单击"通道"调板中的任意一个通道，可直接载入此通道中所保存的选区；如果按住【Ctrl＋Shift】组合键的同时，单击"通道"调板中的某个通道，可在当前选区中增加该通道中所保存的选区；如果按住【Ctrl＋Alt】组合键的同时，单击"通道"调板中的某个通道，可以在当前选区中减去该通道中所保存的选区；如果按住【Ctrl＋Shift＋Alt】组合键，单击"通道"调板中的某个通道，

可以得到当前选区与该通道中所保存选区的重叠选区。

7.1.2　复制和删除通道

在 Photoshop 中，复制和删除通道是编辑通道中的常用操作，下面进行详细介绍。

1．复制通道

在处理图像的过程中，常常需要在同一个图像文件中或不同的图像文件之间复制通道，以减少用户的工作量，提高工作效率。复制通道的方法有两种，分别如下：

⊃ 按钮：在"通道"调板中选择需要复制的通道，并将其拖曳至"通道"调板底部的"创建新通道"按钮 上。

⊃ 选项：选择要复制的通道，单击"通道"调板右上角的 按钮，在弹出的下拉菜单中选择"复制通道"选项。

2．删除通道

为了避免多余的 Alpha 通道占用磁盘空间，可以将这些通道删除。删除通道的方法有两种，分别如下：

⊃ 按钮：在"通道"调板中选择需要删除的 Alpha 通道，并将其拖曳至调板底部的"删除当前通道"按钮 上。

⊃ 选项：在"通道"调板中选择要删除的 Alpha 通道，然后单击调板右上角的 按钮，在弹出的下拉菜单中选择"删除通道"选项。

> 除 Alpha 通道外，原色通道也可以被删除，如果原色通道被删除，则当前图像的颜色模式将自动转换为多通道模式。

7.1.3　分离和合并通道

在 Photoshop 中，用户可以分离和合并通道。分离通道是指将一个图像文件中的各个通道分离出来；合并通道是指将经过编辑和修改的通道，重新合并成一幅图像。

1．分离通道

单击"通道"调板右上角的 按钮，在弹出的下拉菜单中选择"分离通道"选项，可以将通道从原图像中分离出来，同时关闭原图像文件。分离通道后的图像都将以单独的窗口显示在屏幕上，且这些图像均是灰度图像，其中不含任何彩色。文件的标题栏中显示了分离通道后生成的新文件的名称，该名称由原文件的名称加上当前通道的英文缩写组成。

> 在"通道"调板中单击右上角的 按钮，在弹出的下拉菜单中选择"分离通道"选项，可将通道从图像文件中分离出来，使其各自成为一个单独的文件。但在执

行该操作之前，应确认图像中只含有"背景"图层，如果当前图像含多个图层，则需先合并图层。

2．合并通道

分离后的通道经过编辑修改，可以重新合并成一幅图像。单击"通道"调板右上角的 ▼ 按钮，在弹出的下拉菜单中选择"合并通道"选项，将弹出"合并通道"对话框，如图 7-1 所示。在该对话框中设置好所需的参数后，单击"确定"按钮，即可合并通道。

图 7-1 "合并通道"对话框

"合并通道"对话框中各主要选项的含义如下：

 ● 模式：在该下拉列表框中可以指定合并后图像的颜色模式。

 ● 通道：在该文本框中输入合并通道的数目，如 RGB 图像设置为 3，CMYK 图像设置为 4，即该数字要与分离通道前的图像模式相符合。

在合并通道时，各源文件的分辨率和尺寸都必须相同，否则将不能合并通道。

7.1.4 添加和删除图层蒙版

在 Photoshop 中，用户可以通过添加和删除图层蒙版，来控制图像中某区域的显示或隐藏。

1．添加图层蒙版

通过添加图层蒙版，可以为图像添加屏蔽效果，从而实现完美的图像合成。

添加图层蒙版的方法有两种，分别如下：

 ● 按钮：在"图层"调板中选择要添加图层蒙版的图层，然后单击该调板底部的"添加图层蒙版"按钮 ◘ 。

 ● 命令：单击"图层"|"图层蒙版"|"显示全部"命令，即可为当前图层添加蒙版。图 7-2 所示为原图与添加图层蒙版后的图像效果。

图 7-2 原图与添加图层蒙版后的图像效果

2．删除图层蒙版

为了节省存储空间和提高图像处理速度，用户可以删除不再使用的蒙版。选择蒙版图层后，删除图层蒙版的方法有两种，分别如下：

 ● 命令：单击"图层"|"图层蒙版"|"删除"命令。

 ● 按钮：单击"图层"调板底部的"删除图层"按钮 🗑 。

7.1.5 液化、抽出和图案生成器滤镜

液化、抽出和图案生成器滤镜是 Photoshop CS3 中的特殊滤镜，使用这些滤镜可以制作出特殊的图像效果。如使用"液化"滤镜可以拉伸图像、使用"抽出"滤镜可以从复杂的背景图像中选取所需的图像、使用"图案生成器"滤镜可以生成图像特效等。下面分别进行详细介绍。

1."液化"滤镜

使用"液化"滤镜，可以创建出图像弯曲、旋转或变形的效果。下面通过一个小实例来介绍"液化"滤镜的使用方法。其具体操作步骤如下：

（1）单击"文件"|"打开"命令，打开一幅素材图像，如图 7-3 所示。

（2）单击"滤镜"|"液化"命令，弹出"液化"对话框，在"工具选项"选项区中设置"画笔大小"为 54、"画笔密度"为 50、"画笔压力"为 100。

（3）选取该对话框左上角的"向前变形工具" ，移动鼠标指针至预览框中的图像上，按住鼠标左键并向上拖动鼠标，制作出图像变形效果，如图 7-4 所示。

图 7-3 素材图像

图 7-4 "液化"对话框

（4）变形完成后，单击"确定"按钮，即可将变形效果应用于图像，效果如图 7-5 所示。

在"液化"对话框中，用户还可以使用顺时针旋转扭曲工具 、褶皱工具 、膨胀工具 、左推工具 和镜像工具 等，对图像进行扭曲、旋转和变形处理。此外，在"液化"对话框中还提供了冻结蒙版工具 和解冻蒙版工具 ，这两个工具主要用于冻结和解除冻结图像操作中。

2. "抽出"滤镜

"抽出"滤镜常用于将具有复杂边缘的对象从背景图像中分离出来。下面通过一个小实例介绍"抽出"滤镜的使用方法,其具体操作步骤如下:

(1) 单击"文件"|"打开"命令,打开一幅素材图像,如图 7-6 所示。

(2) 单击"滤镜"|"抽出"命令,弹出"抽出"对话框,在该对话框的"工具选项"选项区中设置"画笔大小"为 20,并选中"智能高光显示"复选框。

图 7-5 变形后的图像效果   图 7-6 素材图像

(3) 选取该对话框左上角的边缘高光器工具 ✎,将鼠标指针移至预览框中,沿要提取对象的边缘拖曳鼠标,勾画出要提取对象的轮廓,效果如图 7-7 所示。

(4) 选取该对话框左上角的填充工具 ◈,移动鼠标指针至已经勾画出轮廓的对象内单击鼠标左键,为对象填充颜色,效果如图 7-8 所示。

(5) 单击"确定"按钮,完成对象提取,效果如图 7-9 所示。

如果提取出来的对象不够精确,不能满足用户的需求,则还可以使用历史记录画笔工具和背景色橡皮擦工具对其进行编辑。

3. "图案生成器"滤镜

"图案生成器"滤镜的作用是通过重新排列样本区域中的像素来创建拼贴生成的图案的。下面通过一个小实例来介绍"图案生成器"滤镜的使用方法,其具体操作步骤如下:

(1) 单击"文件"|"打开"命令,打开一幅素材图像,如图 7-10 所示。

(2) 单击"滤镜"|"图案生成器"命令,弹出"图案生成器"对话框,在该对话框的图像预览框中,按住鼠标左键并拖动鼠标,绘制一个矩形选框,如图 7-11 所示。

(3) 单击"生成"按钮,即可生成一个图案,连续单击"再次生成"按钮 17 次,最终得到生成的图像,效果如图 7-12 所示。

(4) 单击"确定"按钮,即可在图像窗口中得到图案拼贴生成的图像,效果如图 7-13 所示。

图 7-7 "抽出"对话框 图 7-8 填充图像

图 7-9 抽出后的图像效果

图 7-10 素材图像

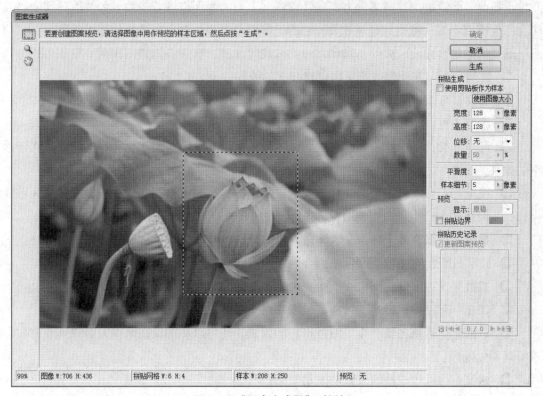

图 7-11 "图案生成器"对话框

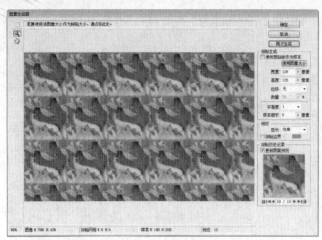
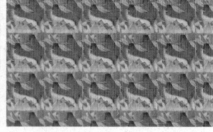

图 7-12　生成图案　　　　　　　　　　　　　图 7-13　图案拼贴图像效果

7.1.6　扭曲、像素化和杂色等滤镜

在 Photoshop 中，内置滤镜包含扭曲、像素化和杂色等滤镜。使用"扭曲"滤镜可以使图像产生模拟水波、镜面反射等效果；使用"像素化"滤镜可以制作有晶格化和马赛克效果的图像；使用"杂色"滤镜可以为图像添加黑色或彩色杂点的效果，下面分别对其进行介绍。

1."扭曲"滤镜

"扭曲"滤镜组是按照某种方式在几何意义上对一幅图像进行扭曲（如波浪、切变等），使之产生模拟水波、镜面反射等效果，它的工作原理大多是对色彩进行位移或转移。在"扭曲"滤镜组中包含波浪、波纹、玻璃和海洋波纹等滤镜，其中各滤镜的作用分别如下：

- 波浪：可以在图像或选区内创建起伏的波纹效果。
- 波纹：可以产生类似水纹涟漪的效果，还能模拟大理石纹理。
- 玻璃：可以产生类似于将画面置于玻璃下的效果。
- 海洋波纹：在图像的表面生成一种随机性间隔波纹，从而产生类似于将图像置于水下的效果。
- 极坐标：可以将图像的坐标类型从平面坐标转换为极坐标，或从极坐标转换为平面坐标，从而使图像产生扭曲变形效果。
- 挤压：可以将整个图像或选区向内或向外挤压，产生一种挤压的效果。
- 镜头校正：可以校正图像中因普通照相机镜头变形失真形成的缺陷。
- 扩散亮光：可以在图像中产生一种光芒漫射的辉光效果。
- 切变：可以按照设定的弯曲路径来扭曲一幅图像。
- 球面化：可使图像产生类似极坐标的效果，还可以使图像在水平方向或垂直方向上进行球面化处理。
- 水波：可以生成池塘波纹的波动效果。
- 旋转扭曲：可以图像的中心为基点产生漩涡效果。

⮞ 置换：可以使目标图像按照指定的图像进行变形，最终使两幅图像按照纹理交错组合在一起。用来置换的图像称为置换图，该图像必须为 PSD 格式。

2. "像素化"滤镜

"像素化"滤镜组中的滤镜主要是通过平均分配色度值，使单元格中颜色相近的像素结成块来清晰地定义一个选区，从而使图像产生晶格和碎片等效果。"像素化"滤镜中包含了"彩块化"、"彩色半调"和"点状化"等滤镜，其中各滤镜的作用分别如下：

⮞ 彩块化：可以制作类似石刻画的图像效果。

⮞ 彩色半调：可模仿铜版画效果，即图像中的每一个通道均扩大网点在屏幕上的显示效果。

⮞ 点状化：可以将像素转变为彩色圆点。

⮞ 晶格化：可以将像素结块为纯色多边形，类似于晶体中的晶格。

⮞ 马赛克：可以在图像中制作并得到马赛克的效果。

⮞ 碎片：可以将图像中的像素复制并进行平移，使图像产生一种不聚焦的模糊效果。

⮞ 铜版雕刻：可以将图像转换为黑白区域的随机图案，或彩色图像的全饱和颜色随机图案。

3. "模糊"滤镜

"模糊"滤镜组主要用于削弱相邻像素间的对比度，以达到柔化图像的效果。它可以对颜色变化较强的区域的像素使用平均化的方法来实现模糊的效果。"模糊"滤镜组中又包括了"表面模糊"、"动感模糊"和"方框模糊"等滤镜，各滤镜的作用分别如下：

⮞ 表面模糊：可以在保留边缘的同时模糊图像，并消除图像中的杂色和颗粒。

⮞ 动感模糊：可以在某一方向上对像素进行线性移位，从而产生沿该方向运动的模糊效果。

⮞ 方框模糊：利用基于图像相邻像素的平均颜色值来模糊图像，以产生特殊的模糊效果。

⮞ 高斯模糊：利用高斯曲线的分布模式，有选择地模糊图像。

⮞ 进一步模糊：可使图像产生模糊效果，且所产生的模糊程度大约是"模糊"滤镜的三至四倍。

⮞ 径向模糊：能够使图像产生旋转模糊或放射模糊的效果。

⮞ 镜头模糊：用来模拟由各种镜头景深产生的模糊效果，其实质是减弱相邻像素间的对比度，达到柔化图像的模糊效果。

⮞ 模糊：是柔化图像边缘过于清晰或对比度过于强烈的区域，使其产生模糊效果。

⮞ 平均：可以将图层或选区中的颜色平均分布，从而产生一种新颜色，然后用产生的新颜色来填充图层或选区。

⮞ 特殊模糊：只对有微弱颜色变化的区域进行模糊，而不对图像的边缘进行模糊。

⮞ 形状模糊：可以选择一种定义好的形状，并以该形状来模糊图像。

4. "渲染"滤镜

使用"渲染"滤镜组能够在图像中生成光照效果或制作不同的光源效果。"渲染"滤镜组中包括"分层云彩"、"光照效果"和"镜头光晕"等滤镜,其中各滤镜的作用分别如下:

- ➲ 分层云彩:效果与将图像应用"云彩"滤镜处理后,再反白显示的效果类似。
- ➲ 光照效果:主要用于在图像中产生光照效果。
- ➲ 镜头光晕:可在图像中生成摄像机镜头的眩光效果,用户可自动调节摄像机眩光的位置。
- ➲ 纤维:通过将前景色和背景色混合,使图像产生纤维效果。
- ➲ 云彩:利用在前景色和背景色之间随机抽取的像素值,使图像产生柔和的云彩效果。

5. "纹理"滤镜

"纹理"滤镜组主要用于为图像添加各式各样的纹理图案,包括"龟裂缝"、"颗粒"和"马赛克拼贴"等滤镜。各滤镜的作用分别如下:

- ➲ 龟裂缝:可以将浮雕效果与爆裂效果相结合,产生凹凸不平的裂纹。
- ➲ 颗粒:可以随机加入不规则的颗粒,形成各种颗粒纹理。
- ➲ 马赛克拼贴:使用该滤镜生成的图像由许多小片或块组成,块与块之间存在一定的缝隙。
- ➲ 拼缀图:可将图像分成一个个小方块,每个小方块内均以该方块中最亮的颜色值进行填充。
- ➲ 染色玻璃:可以使图像中产生不规则分离的彩色玻璃格子,格子内的颜色由该格子中像素颜色的平均值决定,且各格子之间用前景色进行填充。
- ➲ 纹理化:可以为图像添加不同的纹理效果。

6. "风格化"滤镜

"风格化"滤镜组的主要作用是移动选区内图像的像素,以提高像素的对比度,从而生成印象派及其他风格的图像效果。"风格化"滤镜组中包括"查找边缘"、"等高线"和"风"等滤镜,其中各滤镜的作用如下:

- ➲ 查找边缘:主要用来搜索颜色像素对比变化剧烈的边界,并将高反差区变亮、低反差区变暗,而其他区域则介于两者之间,从而形成一个厚实的轮廓。
- ➲ 等高线:能够沿高光区和暗部边界绘出较细的线条,最终用线条勾画出整个图像。
- ➲ 风:通过在图像中增加一些细小的水平线生成一种类似风吹的效果。
- ➲ 浮雕效果:主要用来使图像产生浮雕效果,它通过勾勒图像或所选取区域的轮廓,降低周围的颜色值来生成浮雕效果。
- ➲ 扩散:可以使像素按规定的方式移动,从而形成一种透过磨砂玻璃观察到的图像分离的模糊效果。
- ➲ 拼贴:可以根据用户指定的值将图像分成多块瓷砖状,从而产生拼贴效果。
- ➲ 曝光过度:使图像产生正片和负片混合的效果。

➲ 凸出：可以将图像转化为三维立体方块或锥体，以此来改变图像或生成特殊的背景效果。

➲ 照亮边缘：可以搜索主要颜色变化区域，加强其过渡像素的颜色，以使轮廓产生发光的效果。

7.2 边练实例

本节将在上一节理论的基础上练习实例。通过抠图选取树木、合成眺望女郎、生成花形雪花、制作晶格背景和制作动感行驶汽车 5 个实例，强化并延伸前面所学的知识点，达到巧学活用的目的。

7.2.1 抠图

本实例用来介绍抠图的方法，效果如图 7-14 所示。

本实例主要用到了"计算"命令和"通道"调板等。其具体操作步骤如下：

（1）单击"文件"｜"打开"命令，打开一幅素材图像，如图 7-15 所示。

（2）单击"图像"｜"计算"命令，弹出"计算"对话框，在"混合"下拉列表框中选择"叠加"选项，如图 7-16 所示。

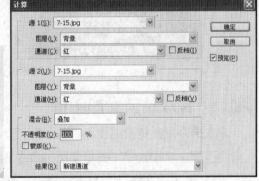

图 7-14 选取树木效果　　图 7-15 打开的素材图像　　　　图 7-16 "计算"对话框

（3）设置完成后，单击"确定"按钮，执行"计算"命令，图像效果如图 7-17 所示。

（4）单击"窗口"｜"通道"命令，打开"通道"调板，此时该调板中已自动生成了一个新的 Alpha 1 通道，如图 7-18 所示。

（5）在按住【Ctrl】键的同时，单击"通道"调板中的 Alpha1 通道，载入该通道中的选区，选择"通道"调板中的 RGB 通道，显示 RGB 原色通道，此时的图像效果如图 7-19 所示。

（6）单击"选择"｜"反向"命令，反选选区，然后单击"图层"｜"新建"｜"通过拷贝的图层"命令，拷贝选区内的图像，此时"图层"调板中将自动生成"图层 1"。选择"背景"图层，单击"图层"｜"隐藏图层"命令，隐藏背景图层，效果如图 7-20 所示。

（7）选择"图层 1"，单击 3 次"图层"｜"复制图层"命令，将"图层 1"拷贝出 3 个副本。按住【Shift】键的同时，选中图层 1 及其副本，单击"图层"丨"合并图层"命令，合并选中的图层，完成抠图效果的制作，如图 7-21 所示。

 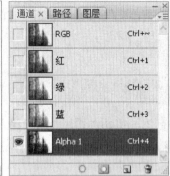 

图 7-17　计算后的效果　　　　图 7-18　"通道"调板　　　　图 7-19　载入选区

图 7-20　隐藏图层　　　　　　　　　　图 7-21　抠图效果

7.2.2　合成眺望女郎图像

本实例合成眺望女郎图像，效果如图 7-22 所示。

本实例主要用到了"图层蒙版"命令和画笔工具等。其具体操作步骤如下：

（1）单击"文件"丨"打开"命令，打开两幅素材图像，如图 7-23 所示。

素材图像 1　　　　　　　　素材图像 2

图 7-22　合成眺望女郎图像的效果　　　　　　图 7-23　素材图像

　　（2）使用移动工具，将素材图像 2 移至素材图像 1 中，并调整其位置，如图 7-24 所示。

　　（3）单击"图层"丨"图层蒙版"丨"显示全部"命令，添加图层蒙版，选取画笔工具，并在其属性栏中设置笔刷为"尖角"、"主直径"为 200px，并设置前景色为黑色，在素材图像 1 中的适当位置按住鼠标左键并拖动鼠标，遮盖图像，如图 7-25 所示。

（4）用同样的方法，去除人物图像中除人物以外的其他区域，完成合成图像制作，效果如图 7-26 所示。

图 7-24 移动图像　　　　　　图 7-25 遮罩背景　　　　　　图 7-26 合成图像的效果

7.2.3 制作花形雪花

本实例制作的是花形雪花，效果如图 7-27 所示。

本实例主要用到了"通道"调板和自定形状工具等。其具体操作步骤如下：

（1）单击"文件"|"打开"命令，打开一幅素材图像，如图 7-28 所示。

（2）选取自定形状工具 ，单击其属性栏中的"路径"按钮 ，并在"自定形状"选取器中选择"雪花 2"选项。在图像窗口中绘制一条雪花路径，效果如图 7-29 所示。

图 7-27 花形雪花效果　　　　图 7-28 素材图像　　　　　　图 7-29 绘制雪花路径

（3）单击"窗口"|"路径"命令，打开"路径"调板，从中单击"将路径作为选区载入"按钮 ，将绘制的路径转换为选区。单击"选择"|"存储选区"命令，弹出"存储选区"对话框（如图 7-30 所示），输入新选区的名称，单击"确定"按钮，即可保存选区。

（4）单击"窗口"|"通道"命令，打开"通道"调板，在"通道"调板中已自动生成一个 Alpha 1 通道，如图 7-31 所示。

（5）单击"选择"|"取消选择"命令，取消选区。选择"通道"调板中的 Alpha 1 通道，显示 Alpha 1 通道。

（6）用同样的方法，在"自定形状"选取器中选取"花 7"选项，并在图像中的合适位置绘制一条"花 7"路径，效果如图 7-32 所示。单击"窗口"|"路径"命令，打开"路径"调板，单击该调板底部的"将路径作为选区载入"按钮 ，将路径转换为选区。

（7）单击"选择"|"存储选区"命令，存储选区，此时"通道"调板中会自动生成一个 Alpha 2 通道，如图 7-33 所示。

（8）按住【Ctrl】键的同时单击 Alpha 1 通道，载入 Alpha 1 通道的选区，按住【Ctrl＋Alt】组合键的同时单击 Alpha 2 通道，得到 Alpha 1 通道与 Alpha 2 通道相减后的选区，选择 RGB 通道，显示全部原色通道，效果如图 7-34 所示。

（9）单击"图层"|"新建"|"图层"命令，新建"图层 1"，设置背景色为白色，单击"编辑"|"填充"命令，为选区填充背景色。单击"选择"|"取消选择"命令，取消选区，复制、调整并缩小花形雪花图形，完成花形雪花效果的制作，如图 7-35 所示。

图 7-30　"存储选区"对话框

图 7-31　"通道"调板

图 7-32　绘制路径

图 7-33　"通道"调板

图 7-34　减去部分选区

图 7-35　制作的花形雪花效果

7.2.4　制作晶格背景

本实例制作的是晶格背景，效果如图 7-36 所示。

本实例主要用到了"添加杂色"、"高斯模糊"和"晶格化"等滤镜。其具体操作步骤如下：

（1）单击"文件"|"新建"命令，新建"宽度"和"高度"分别为 718 像素和 606 像素、"分辨率"为 72 像素/英寸、"背景内容"为白色的 RGB 模式的图像文件。

图 7-36　晶格背景效果

（2）单击"滤镜"|"杂色"|"添加杂色"命令，弹出"添加杂色"对话框，从中设置各参数，如图 7-37 所示。

（3）单击"确定"按钮，在图像中添加杂点，效果如图 7-38 所示。

（4）单击"滤镜"|"模糊"|"高斯模糊"命令，弹出"高斯模糊"对话框，从中设置"半径"为 3.7，如图 7-39 所示。

图 7-37　"添加杂色"对话框　图 7-38　应用"添加杂色"滤镜后的效果　图 7-39　"高斯模糊"对话框

（5）单击"确定"按钮，为图像添加模糊效果。单击"图像"|"调整"|"自动色阶"命令，调整图像的色阶，效果如图 7-40 所示。

（6）单击"滤镜"|"像素化"|"晶格化"命令，弹出"晶格化"对话框，从中设置"单元格大小"为 13（如图 7-41 所示），单击"确定"按钮，为图像添加晶格化效果。

（7）单击"图像"|"调整"|"色相/饱和度"命令，弹出"色相/饱和度"对话框，选中"着色"复选框，并设置"色相"和"饱和度"的值分别为 200、100，如图 7-42 所示。

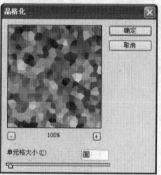
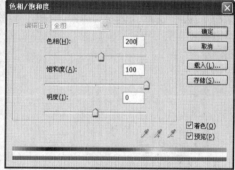

图 7-40　调整色阶　　　图 7-41　"晶格化"对话框　　　图 7-42　"色相/饱和度"对话框

（8）设置完成后，单击"确定"按钮，调整图像的色相和饱和度，效果如图 7-43 所示。

（9）单击"文件"|"打开"命令，打开一幅素材图像，如图 7-44 所示。

（10）使用移动工具，拖曳素材图像至晶格背景图像窗口中，并将其放置在合适的位置，完成晶格背景效果的制作，如图 7-45 所示。

图 7-43　调整色相/饱和度　　　图 7-44　素材图像　　　图 7-45　制作的晶格背景效果

7.2.5 制作动感汽车效果

本实例制作的是动感汽车效果，如图 7-46 所示。

本实例主要用到了钢笔工具和"动感模糊"滤镜等。其具体操作步骤如下：

（1）单击"文件"|"打开"命令，打开一幅素材图像，如图 7-47 所示。

图 7-46　动感汽车的效果　　　　　　　　图 7-47　素材图像

（2）选取钢笔工具，沿汽车的轮廓建立路径并将其转换为选区，效果如图 7-48 所示。

（3）单击"图层"|"新建"|"通过拷贝的图层"命令，拷贝选区中的图像。在"图层"调板中选择"背景"图层，单击"滤镜"|"模糊"|"动感模糊"命令，弹出"动感模糊"对话框，从中设置"角度"和"距离"分别为-6 和 28，如图 7-49 所示。

图 7-48　创建选区　　　　　　　　　　图 7-49　"动感模糊"对话框

（4）单击"确定"按钮，为图像添加动感模糊效果，如图 7-50 所示。

（5）在"图层"调板中选择"图层 1"，单击"图层"|"新建"|"通过拷贝的图层"命令，得到"图层 1 副本"图层，如图 7-51 所示。

（6）在"图层"调板中，单击"图层 1 副本"图层左侧的"指示图层可见性"图标，隐藏"图层 1 副本"图层，选择"图层 1"，单击两次"滤镜"|"动感模糊"命令两次，效果

如图 7-52 所示。

（7）选择"图层1副本"图层，单击"图层"|"显示图层"命令，显示"图层1副本"图层，完成动感汽车效果的制作，如图 7-53 所示。

图 7-50   应用"动感模糊"滤镜后的效果

图 7-51   "图层"调板

图 7-52   图像效果

图 7-53   制作的动感汽车效果

课 堂 总 结

1. 基础总结

本章的基础内容部分主要介绍了通道和图层蒙版的使用方法，其中包括将选区保存为通道、将通道作为选区载入、复制通道、删除通道、分离通道、合并通道、添加图层蒙版和删除图层蒙版；同时也对滤镜的作用与使用方法进行了介绍，包括特殊滤镜和内置滤镜的使用，以帮助读者掌握通道、蒙版和滤镜的基本操作。

2. 实例总结

本章的实例部分通过抠图选取树木、合成眺望女郎图像、制作花形雪花、制作晶格背景和制作动感汽车效果 5 个实例，强化训练了有关图层蒙版、通道和滤镜的操作。例如，使用图层蒙版遮盖女郎图像中的背景；使用"载入选区"命令载入保存的花形雪花选区；使用"晶格化"滤镜制作晶格化背景、使用"动感模糊"滤镜制作动感汽车效果，让读者在实践中巩固基础知识，提升操作能力。

课后习题

一、填空题

1．通过_____命令，可以将每个原色通道从原图像中分离出来，成为单独的图像，同时关闭原图像文件。

2．_____可以为图像添加屏蔽的效果。

3．使用_____滤镜，可以创建出图像弯曲、旋转和变形的效果。

二、简答题

1．简述特殊滤镜和内置滤镜的作用。

2．简述保存和载入通道的作用。

三、上机题

1．练习使用"添加杂色"和"动感模糊"等滤镜，制作木纹相框，效果如图 7-54 所示。

图 7-54　木纹相框

2．练习使用"图层样式"命令和移动工具等，制作神秘太空效果，如图 7-55 所示。

图 7-55　制作的神秘太空效果

第 8 章 标识设计

标识是一种特殊的"语言",是人类社会活动和生产活动中一种不可缺少的符号,它具有独特的传播功能。本章通过 3 个实例,详细介绍标识设计的技法要点。

8.1 标识设计——望月湖公园

本节制作望月湖公园的标识。

8.1.1 预览实例效果

本实例将设计一个以文字为主的标识,它采用了文字与图形相结合的设计方式,直接表明了标识的意义。实例效果如图 8-1 所示。

图 8-1 望月湖公园标志

8.1.2 制作特殊文字

制作特殊文字的具体操作步骤如下:

(1) 单击"文件"|"新建"命令,新建一个"宽度"和"高度"分别为 18.74 厘米和 8.97 厘米、"分辨率"为 300 像素/英寸、"背景内容"为白色的 RGB 模式的图像文件。

(2) 选取横排文字工具 T,在其属性栏中设置字体为 Calibri、字号为 100 点、文本颜色为浅蓝色(RGB 颜色参考值分别为 0、150、255),在图像窗口中单击鼠标左键,输入文字 Wang;在属性栏中设置字体为"黑体",输入文字"月湖",并单击"提交当前所有编辑"按钮 ✓,完成文字的输入,效果如图 8-2 所示。

(3) 单击"图层"|"文字"|"创建工作路径"命令,创建文字路径,在"图层"调板中,单击文字图层前的"指示图层可视性"图标 👁,隐藏文字图层,效果如图 8-3 所示。

(4) 选取直接选择工具 ▶,单击由字母 W 生成的路径,选中该路径,将鼠标指针放置于相应的锚点上,按住鼠标左键并向上拖动鼠标,移动锚点,效果如图 8-4 所示。

图 8-2 输入文字　　　　　　图 8-3 创建文字路径　　　　　　图 8-4 移动锚点

(5) 选取删除锚点工具 ✎,在路径中需要删除的锚点上单击鼠标左键,删除相应的锚点。选取转换点工具 ▶,在路径中需要转换为平滑点的锚点上按住鼠标左键并拖动鼠标,转换该锚点,并使用直接选择工具 ▶ 调整路径的形状,最终效果如图 8-5 所示。

(6) 单击"窗口"|"路径"命令,打开"路径"调板,选择所有

图 8-5 调整文字路径

的路径并单击调板底部的"将路径作为选区载入"按钮 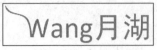，将路径转换为选区。

（7）设置前景色为蓝色，新建"图层 1"，单击"编辑"|"填充"命令，为选区填充前景色。单击"选择"|"取消选择"命令，取消选区，效果如图 8-6 所示。

图 8-6　填充并取消选区

8.1.3　制作图形效果

制作图形效果的具体操作步骤如下：

（1）选取钢笔工具 ，并在其属性栏中单击"路径"按钮 。在图像窗口中依次单击鼠标左键，绘制闭合路径，效果如图 8-7 所示。

（2）使用转换点工具 和直接选择工具 ，调整路径形状，效果如图 8-8 所示。

（3）用同样的方法，使用钢笔工具在图像窗口中绘制其他两条路径，效果如图 8-9 所示。

（4）新建"图层 2"，选取直接选择工具选择路径，单击"路径"调板底部的"将路径作为选区载入"按钮 ，将所绘制的路径转换为选区，效果如图 8-10 所示。

图 8-7　绘制闭合路径

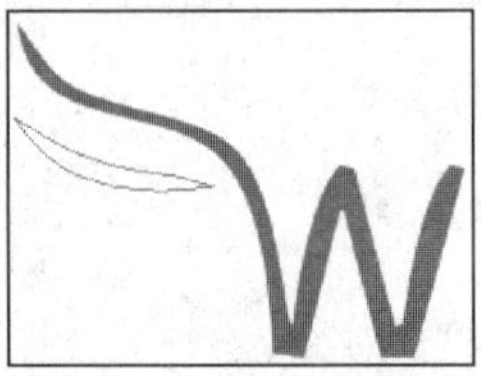

图 8-8　调整路径形状

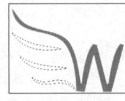
图 8-9　调整路径

图 8-10　将路径转换为选区

（5）设置前景色为蓝色，单击"编辑"|"填充"命令，为选区填充前景色，单击"选择"|"取消选择"命令，取消选区，效果如图 8-11 所示。

图 8-11　填充并取消选区

（6）选取钢笔工具，在图像窗口中的合适位置通过单击鼠标和拖曳鼠标，绘制闭合的曲线路径，效果如图 8-12 所示。

（7）选取直接选择工具，调整该路径的形状，效果如图 8-13 所示。

（8）新建"图层 3"，单击"路径"调板底部的"将路径作为选区载入"按钮 ，将路径转换为选区，如图 8-14 所示。

图 8-12　绘制闭合的曲线路径

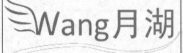
图 8-13　调整路径形状

图 8-14　将路径转换为选区

（9）单击"编辑"|"填充"命令，为选区填充前景色，单击"选择"|"取消选择"命令，取消选区，效果如图 8-15 所示。

8.1.4　制作文字内容

制作文字内容的具体操作步骤如下：

图 8-15　填充并取消选区

（1）选取横排文字工具 T，在其属性栏中设置字号为 36 点、字体为"黑体"、文本颜色为蓝色（RGB 颜色参考值分别为 0、150、255），在前面绘制的图形的下方输入文字"望月湖公园·放飞您的心情"。

图 8-16　制作的文字效果

（2）按小键盘上的【Enter】键确认操作，完成文字的输入，效果如图 8-16 所示。至此，望月湖公园标识制作完成。

8.2　标识设计——精典文化

本节制作精典文化的标识。

8.2.1　预览实例效果

本实例设计的是一个以文字为主的标识，它采用了文字与曲线图形相结合的设计形式，直接说明了标识的作用与意义，实例效果如图 8-17 所示。

图 8-17　精典文化标志

8.2.2　制作特殊文字

制作特殊文字具体操作步骤如下：

（1）单击"文件"｜"新建"命令，新建一个"宽度"和"高度"分别为 10.34 厘米和 4.34 厘米、"分辨率"为 300 像素/英寸、"背景内容"为白色的 RGB 模式图像文件。

（2）选取横排文字工具 T，在其属性栏中设置字体为"黑体"、字号为 72 点、文本颜色为蓝色（RGB 颜色参考值分别为 55、94、255）。在图像窗口中单击鼠标左键，输入文字"精典文化"，按小键盘上的【Enter】键确认操作，完成文字的输入，效果如图 8-18 所示。

（3）使用横排文字工具，选中"精"字，单击属性栏中的"显示/隐藏字符和段落调板"按钮，弹出"字符"调板，从中设置"水平缩放"为 70%、基线偏移为 35 点，按小键盘上的【Enter】键确认操作，效果如图 8-19 所示。

（4）用同样的方法选中"典"字，并在"字符"调板中设置"水平缩放"为 80%、基线偏移为-10 点、字距为 100。单击属性栏中的"提交当前所有编辑"按钮，即可偏移和缩放该文字，效果如图 8-20 所示。

图 8-18　输入文字 　　图 8-19　缩放并偏移"精"字 　图 8-20　缩放并偏移"典"字

（5）单击"图层"｜"文字"｜"创建工作路径"命令，创建文字路径。在"图层"调板中单击文字图层前的"指示图层可见性"图标，隐藏文字图层，效果如图 8-21 所示。

（6）选取删除锚点工具 ，在"精"字路径中需要删除的锚点上单击鼠标左键，删除多余的锚点。选取直接选择工具 ，在需要移动的锚点处按住鼠标左键并拖动鼠标，移动该锚点。选取转换点工具 ，转换锚点并调整路径形状，效果如图 8-22 所示。

（7）选取直接选择工具 ，拖曳鼠标选中"典"字下面两点笔划的路径，在按住【Shift】键的同时，按住鼠标左键并向下拖动鼠标，至合适位置后释放鼠标，效果如图 8-23 所示。

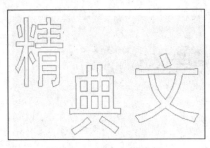 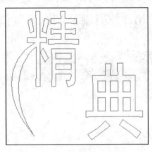 

图 8-21　创建文字路径　　　　　图 8-22　调整路径形状　　　　　图 8-23　移动路径

（8）新建"图层 1"，单击"窗口"|"路径"命令，打开"路径"调板，选择文字所在路径，并单击调板底部"将路径作为选区载入"按钮 ，将文字路径转换为选区，效果如图 8-24 所示。

（9）设置前景色为蓝色，单击"编辑"|"填充"命令，为选区填充前景色。单击"选择"|"取消选择"命令，取消选区，效果如图 8-25 所示。

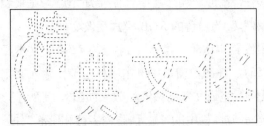 

图 8-24　将路径转换为选区　　　　　　　　图 8-25　填充并取消选区

8.2.3　制作图形效果

制作图形效果的具体操作步骤如下：

（1）选取钢笔工具 ，在图像窗口中的适当位置绘制一个闭合的路径，效果如图 8-26 所示。

（2）使用直接选择工具 和转换点工具 ，调整路径的形状，最终效果如图 8-27 所示。

图 8-26　绘制闭合路径

（3）新建"图层 2"，单击"路径"调板底部的"将路径作为选区载入"按钮 ，将上一步绘制的路径转换为选区，效果如图 8-28 所示。

（4）设置前景色为蓝色，单击"编辑"|"填充"命令，为选区填充前景色。单击"选择"|"取消选择"命令，取消选区，如图 8-29 所示。

（5）选取多边形工具 ，在其属性栏中单击"路径"按钮 ，并设置"边"为 5。单击"自定形状工具"按钮右侧的下拉按钮，弹出"多边形选项"面板，从中选中"星形"复选框，在图像窗口中按住鼠标左键并拖动鼠标，至合适位置后释放鼠标，绘制一条五角星路径，如图 8-30 所示。

(6) 新建"图层 3"，单击"路径"调板底部的"用前景色填充路径"按钮，用前景色填充路径，并在该调板中的灰色空白处单击鼠标左键，隐藏五角星路径，效果如图 8-31 所示。

(7) 选取移动工具，单击"窗口"|"图层"命令，打开"图层"调板，选择"图层 3"为当前图层。单击"图层"|"复制图层"命令，弹出"复制图层"对话框，单击"确定"按钮，复制"图层 3"得到"图层 3 副本"图层，单击"编辑"|"变换"|"缩放"命令，在按住【Shift + Alt】组合键的同时，拖曳图像四周的任意控制柄，缩放图像至合适大小，并调整其位置，按【Enter】键确认操作，效果如图 8-32 所示。

(8) 用同样的方法复制多个五角星副本，调整其大小并移动各图像位置，完成精典文化标志的制作，效果如图 8-33 所示。

图 8-27　调整路径

图 8-28　将路径转换为选区

图 8-29　填充并取消选区

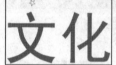
图 8-30　绘制路径

图 8-31　隐藏路径　　图 8-32　缩小图像

图 8-33　精典文化标志

8.3　标识设计——西湖柳岸

本节制作西湖柳岸的标识。

8.3.1　预览实例效果

本实例设计的是以图形为主的标识。它采用了曲线与图形完美结合的设计方式，再加上文字作为点缀，直接说明了该标识的意义，实例最终效果如图 8-34 所示。

图 8-34　西湖柳岸标志

8.3.2　制作图形效果

制作图形效果的具体操作步骤如下：

(1) 单击"文件"|"新建"命令，新建一个"宽度"和"高度"分别为 18 厘米和 10 厘米、"分辨率"为 300 像素/英寸、"背景内容"为白色的 RGB 模式的图像文件。

（2）设置前景色为绿色（RGB 颜色参考值分别为 25、146、39），单击"编辑"|"填充"命令，在"背景"图层中填充前景色，效果如图 8-35 所示。

（3）选取椭圆选框工具 ◯，按住【Alt＋Shift】组合键的同时，在图像窗口的左上角绘制一个正圆选区，效果如图 8-36 所示。

图 8-35　填充前景色　　　　　　　　　　　图 8-36　创建正圆选区

（4）新建"图层 1"，设置前景色为白色，单击"编辑"|"填充"命令，在选区中填充前景色，效果如图 8-37 所示。

（5）单击"选择"|"变换选区"命令，缩小选区并将其移动至合适位置，按【Enter】键确认操作，按【Delete】键删除选区中的图像。单击"选择"|"取消选择"命令，取消选区，效果如图 8-38所示。

图 8-37　填充选区

（6）单击"编辑"|"变换"|"缩放"命令，对图像进行适当的调整，按【Enter】键确认操作，得到调整后的图像，效果如图 8-39 所示。

图 8-38　删除图像　　　　　　　　　　　图 8-39　缩小图像

（7）选取钢笔工具 ✍，在其属性栏中单击"路径"按钮 ▨，在图像窗口中绘制闭合的路径，效果如图 8-40 所示。

（8）利用直接选择工具 ▷ 和转换点工具 ▷，调整路径的形状，效果如图 8-41 所示。

（9）确认前景色为白色，新建"图层 2"，单击"窗口"|"路径"命令，打开"路径"调板。单击该调板底部的"用前景色填充路径"按钮 ●，在路径中填充前景色，在该调板中的灰色空白处单击鼠标左键，隐藏该路径，效果如图 8-42 所示。

（10）单击"图层"|"复制图层"命令，弹出"复制图层"对话框，单击"确定"按钮，复制"图层 2"。选取移动工具，将图像移至合适的位置，效果如图 8-43 所示。

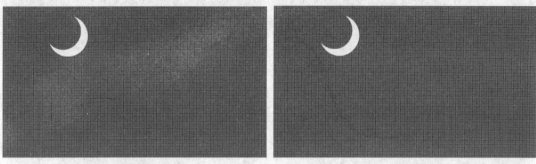

图 8-40　绘制闭合路径　　　　　　　　　　图 8-41　调整路径形状

图 8-42　填充并隐藏路径　　　　　　　　　图 8-43　复制并移动图像

（11）用同样的方法再复制一个路径图像，并放置至合适位置，效果如图 8-44 所示。

（12）选取钢笔工具，在图像窗口中按住鼠标左键并拖动鼠标，绘制一条闭合路径，效果如图 8-45 所示。

图 8-44　继续复制并移动图像　　　　　　　图 8-45　绘制闭合的曲线路径

（13）使用转换点工具 和直接选择工具 ，调整该路径的形状，效果如图 8-46 所示。

（14）新建"图层 3"，单击"路径"调板底部的"用前景色填充路径"按钮，为路径填充前景色，并在调板的灰色空白处单击鼠标左键，隐藏路径，效果如图 8-47 所示。

（15）单击"编辑"|"变换"|"缩放"命令，缩小刚绘制的图像并移动该图像位置，单击"编辑"|"变换"|"旋转"命令，对该图像进行适当的旋转，按【Enter】键确认操作。选取移动工具，将该图像放置到合适的位置，效果如图 8-48 所示。

（16）用同样的方法绘制其他柳叶，效果如图 8-49 所示。

图 8-46　调整路径

图 8-47　填充并隐藏路径

图 8-48　缩小、旋转并调整图像位置

图 8-49　制作其他柳叶

8.3.3　制作文字效果

制作文字效果的具体操作步骤如下：

（1）选取横排文字工具 **T**，并在其属性栏中设置字体为"黑体"、字号为 60 点、文本颜色为白色。在图像窗口中输入文字"西湖柳岸"，如图 8-50 所示。

图 8-50　输入横排文本

（2）用同样的方法，在图像中输入文字"洞庭湖泊·风光无限"，并设置文字的字号为 24 点。选取移动工具，移动文字至合适位置，效果如图 8-51 所示。至此，西湖柳岸标识制作完成。

用户可以在该实例的基础上，尝试对制作的标志进行组合，以制作出西湖柳岸标志与图像的综合效果，如图 8-52 所示。

图 8-51　输入其他文本

图 8-52　综合效果

第 *9* 章　照片处理

照片处理就是对每一张不完美的照片，如明暗度不佳、背景效果不足或出现的红眼等进行适当的处理。在 Photoshop CS3 中，可轻松地对照片进行处理。本章将通过 3 个实例，详细介绍照片处理的技法要点及具体操作。

9.1　照片处理——人物彩妆 →

本节介绍制作人物彩妆的照片处理。

9.1.1　预览实例效果

本实例是一个以色彩搭配为主的彩妆设计，采用了邻近颜色的搭配技巧，以实现设计目的。实例效果如图 9-1 所示。

图 9-1　彩妆设计效果

9.1.2　制作细腻肌肤

制作细腻肌肤效果的具体操作步骤如下：

（1）单击"文件"|"打开"命令，打开一幅素材图像，如图 9-2 所示。

（2）单击"图层"|"复制图层"命令，复制"背景"图层，得到"背景副本"图层。

（3）单击"图像"|"调整"|"曲线"命令，在弹出的"曲线"对话框中添加一个控制点，并设置该点的"输出"和"输入"值分别为 211 和 186，如图 9-3 所示。

（4）设置完成后，单击"确定"按钮，调整图像的色调，效果如图 9-4 所示。

（5）单击"滤镜"|"模糊"|"高斯模糊"命令，弹出"高斯模糊"对话框，从中设置"半径"为 4.2，单击"确定"按钮，得到高斯模糊的图像，效果如图 9-5 所示。

（6）确认"背景副本"图层为当前图层，单击"添加图层蒙版"按钮 ▣，为该图层添加图层蒙版。选取画笔工具，并在其属性栏中设置画笔类型为"柔角 45 像素"，设置前景色为黑色，在人物图像右眼处按住鼠标左键并拖动鼠标，隐藏该处的模糊图像效果，效果如图 9-6 所示。

（7）用同样的方法，按住鼠标左键并拖动鼠标，隐藏人物其他位置的模糊效果，效果如图 9-7 所示。

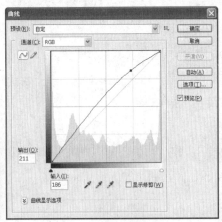

图 9-2　打开的素材图像　　　　图 9-3　"曲线"对话框　　　　图 9-4　调整曲线后的图像效果

图 9-5　高斯模糊图像效果　　　图 9-6　隐藏右眼中不需要模糊　　图 9-7　隐藏不需要模糊的区域

（8）在"图层"调板中的"图层蒙版缩略图"上单击鼠标右键，在弹出的快捷菜单中选择"应用图层蒙版"选项，应用图层蒙版。单击"图层"|"向下合并"命令，向下合并图层。

9.1.3　制作彩妆效果

制作彩妆效果的具体操作步骤如下：

（1）选取钢笔工具，勾绘出人物脸部轮廓路径，效果如图 9-8 所示。

（2）单击"设置前景色"色块，设置前景色为浅黄色（RGB 颜色参考值分别为 255、254、230）。单击"窗口"|"路径"命令，打开"路径"调板，单击该调板底部的"将路径作为选区载入"按钮 ，将路径转换为选区。单击"选择"|"修改"|"羽化"命令，在弹出的"羽化选区"对话框中设置"羽化半径"为 10，单击"确定"按钮。

（3）单击"窗口"|"图层"命令，打开"图层"调板，新建"图层 1"，单击"编辑"|"填充"命令，在选区中填充前景色，效果如图 9-9 所示。

（4）在"图层"调板中，设置"图层 1"的混合模式为"颜色加深"，单击"选择"|"取消选择"命令，取消选区，达到美白脸部肌肤后的效果，如图 9-10 所示。

（5）用同样的方法，美白手部肌肤，效果如图 9-11 所示。

图 9-8 绘制脸部轮廓的路径

图 9-9 填充选区

图 9-10 美白脸部肌肤

图 9-11 美白手部肌肤

（6）选取钢笔工具，勾绘出人物嘴唇轮廓的路径，效果如图 9-12 所示。单击"窗口"|"路径"命令，打开"路径"调板，单击该调板底部的"将路径作为选区载入"按钮 ⬭，将该路径转化为选区。单击"选择"|"修改"|"羽化"命令，在弹出的对话框中设置"羽化半径"为 3，单击"确定"按钮羽化选区。

（7）单击"设置前景色"色块，设置前景色为粉红色（RGB 颜色参考值分别为 255、136、199）。新建"图层 2"，单击"编辑"|"填充"命令，在"图层 2"中为选区填充前景色。单击"选择"|"取消选择"命令，取消选区，效果如图 9-13 所示。

图 9-12 绘制嘴唇轮廓

图 9-13 填充选区

（8）单击"窗口"|"图层"命令，打开"图层"调板，在该调板中设置"图层 2"的混合模式为"柔光"，效果如图 9-14 所示。

（9）用同样的方法，在图像中制作出人物的眼影和腮红效果，完成人物彩妆效果的制作，如图 9-15 所示。

图 9-14　彩唇效果　　　　　　　　图 9-15　彩妆效果

9.2　照片处理——黄昏图像

本节介绍黄昏图像的照片处理方法。

9.2.1　预览实例效果

本实例设计的是以色彩表达时间的效果，在设计色彩上采用了黄昏时的色彩，从而直接表明该图像为黄昏时分的景色。实例效果如图 9-16 所示。

9.2.2　制作黄昏效果

图 9-16　黄昏时分效果

制作黄昏效果的具体操作步骤如下：

（1）单击"文件"｜"打开"命令，打开一幅素材图像，如图 9-17 所示。

（2）单击"图层"｜"复制图层"命令，复制"背景"图层，得到"背景副本"图层。

（3）确认"背景副本"图层为当前工作图层，单击"图像"｜"调整"｜"去色"命令，对图像进行去色处理，效果如图 9-18 所示。

图 9-17　素材图像　　　　　　　　图 9-18　为图像去色

（4）选取渐变工具，在其属性栏中单击"线性渐变"按钮，并单击"点按可编辑渐变"色块，弹出"渐变编辑器"窗口，在"预设"列表框中选择"橙色、黄色、橙色"选项，如

图 9-19 所示。

（5）在该窗口中单击"确定"按钮，返回到图像窗口中，按住鼠标左键从窗口左上角向右下角拖动鼠标，效果如图 9-20 所示。

图 9-19　"渐变编辑器"窗口　　　　　　　　图 9-20　填充渐变色

（6）在"图层"调板中设置该图层的"模式"为"叠加"（如图 9-21 所示），此时的图像效果如图 9-22 所示。

图 9-21　"图层"调板　　　　　　　　图 9-22　改变图层模式后的图像

（7）单击"图像"|"调整"|"通道混合器"命令，在弹出"通道混合器"对话框中设置各参数，如图 9-23 所示。

（8）设置好各参数后，单击"确定"按钮，返回图像窗口中，此时的图像效果如图 9-24 所示。

（9）确认"背景副本"图层为当前图层，按【Ctrl+J】组合键，复制该图层，得到"背景副本 2"图层。在"图层"调板中设置"背景副本 2"图层的"不透明度"为 85%、混合模式为"柔光"，如图 9-25 所示。至此，黄昏图像效果制作完成，效果如图 9-26 所示。

图 9-23 "通道混合器"对话框

图 9-24 图像效果

图 9-25 "图层"调板

图 9-26 黄昏图像效果

9.3 照片处理——炫彩发色

本节制作炫彩发色的照片效果。

9.3.1 预览实例效果

染发是目前的一种时尚，利用 Photoshop CS3 可以制作出各种更炫、更酷的染发效果。本实例设计的是炫彩发色效果，如图 9-27 所示。

9.3.2 制作炫彩发色效果

制作炫彩发色效果的具体操作步骤如下：

（1）单击"文件"|"打开"命令，打开一幅素材图像，效果如图 9-28 所示。

图 9-27 炫彩发色效果

（2）单击工具箱底部的"以快速蒙版模式编辑"按钮。在通道中创建一个快速蒙版通道，如图 9-29 所示。

（3）设置前景色为黑色，选取画笔工具，根据需要设置画笔笔触的大小。在图像窗口中对人物头发以外的部分进行涂抹，效果如图 9-30 所示。

（4）单击工具箱底部的"以标准模式编辑"按钮🔳，将涂抹的地方转换为选区，效果如图 9-31 所示。

图 9-28　素材图像

图 9-29　"通道"调板

图 9-30　添加蒙版后的图像

图 9-31　创建选区

（5）单击"选择"|"反向"命令，反选选区，效果如图 9-32 所示。

（6）单击"通道"调板底部的"将选区存储为通道"按钮，将选区转换为 Alpha 通道，如图 9-33 所示。

图 9-32　反选选区

图 9-33　存储选区

（7）单击"窗口"|"图层"命令，打开"图层"调板，单击"图层"|"新建"|"通过拷贝的图层"命令复制图层，如图 9-34 所示。

（8）按住【Ctrl】键的同时单击"图层 1"前面的缩略图，载入"图层 1"的选区。选取渐变工具，单击属性栏中的"点按可编辑渐变"色块，弹出"渐变编辑器"窗口。单击"预设"列表框右侧的 ⏵ 按钮,在弹出的下拉菜单中选择"协调色 2"选项,在弹出提示信息框中单击"确定"按钮,在"预设"选项区中添加相应的渐变选项。从中选择"橙色、黄色"选项,如图 9-35 所示。

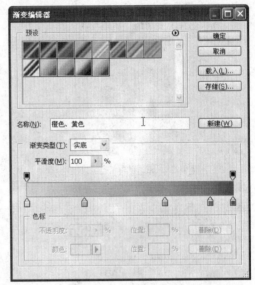

图 9-34 "图层"调板

图 9-35 "渐变编辑器"窗口

(9) 单击"确定"按钮,将该渐变色设为当前渐变色,在图像窗口中按住鼠标左键并从左至右拖动鼠标,效果如图 9-36 所示。

(10) 单击"选择"|"取消选择"命令,取消选区,并在"图层"调板中设置当前图层的混合模式为"颜色"、"不透明度"为 57%,完成炫彩发色效果的制作,如图 9-37 所示。

图 9-36 渐变填充图像

图 9-37 炫彩发色效果

第 *10* 章　卡漫设计

随着计算机技术的发展，卡通漫画已进入了电脑创作的新时期。目前它正以飞快的步伐，形成了一个新的产业链。随着绘图软件的不断完善，制作一幅绚丽的图像变得越来越简单，使用电脑软件进行美术设计已成为设计师的基本技能。使用 Photoshop 软件不但可以快速绘制精美的画面效果，而且还可以方便地对绘制的作品进行修改。本章通过 3 个实例，详细介绍卡通漫画设计的创意、技巧及制作流程。

10.1　卡漫设计——礼品包装插画 →

本节制作一个礼品包装插画。

10.1.1　预览实例效果

本实例设计的是礼品包装插画。设计色彩使用了多种对比鲜明的纯色，并配以色彩鲜艳的文字，从而制作出一幅完美的礼品包装插画。实例效果如图 10-1 所示。

图 10-1　礼品包装插画

10.1.2　制作礼品盒

绘制礼品盒的具体操作步骤如下：

（1）单击"文件"|"新建"命令，新建一个"宽度"和"高度"分别为 5 厘米和 6.1 厘米、"分辨率"为 300 像素/英寸、"背景内容"为"白色"的 RGB 模式的图像文件。

（2）选取钢笔工具，单击其属性栏中的"路径"按钮，绘制一条闭合路径，如图 10-2 所示。单击"窗口"|"路径"命令，打开"路径"调板，单击该调板底部的"将路径作为选区载入"按钮，将当前路径转换为选区。

（3）设置前景色为蓝色（RGB 颜色参考值分别为 0、139、210）。新建"图层 1"，单击"编辑"|"填充"命令，为选区填充前景色。单击"选择"|"取消选择"命令，取消选区，效果如图 10-3 所示。

（4）使用钢笔工具，在图像窗口中再次绘制路径，如图 10-4 所示。单击"路径"调板底部的"将路径作为选区载入"按钮，将路径转换为选区。

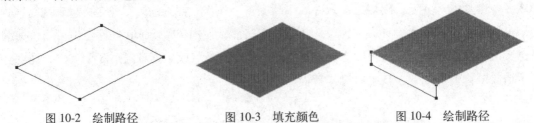

图 10-2　绘制路径　　　　图 10-3　填充颜色　　　　图 10-4　绘制路径

（5）选取渐变工具，在其属性栏中设置渐变方式为"线性渐变"。单击"点按可编辑渐变"色块，弹出"渐变编辑器"窗口，在"预设"选项区中选择"黑色、白色"选项，并设置色标的颜色从左到右依次为深蓝色（RGB 颜色参考值分别为 0、138、210）和蓝色（RGB 颜色参考值分别为 0、156、225），单击"确定"按钮，将其设为当前的渐变色。

（6）新建"图层 2"，在图像窗口中的选区内从右至左拖曳鼠标，渐变填充选区。单击"选择"|"取消选择"命令，取消选区，效果如图 10-5 所示。

（7）用同样的方法新建"图层 3"，制作出盒盖的另一侧面图像，效果如图 10-6 所示。

（8）选取钢笔工具，在图像窗口中绘制路径，如图 10-7 所示。单击"路径"调板底部的"将路径作为选区载入"按钮，将该路径转换为选区。

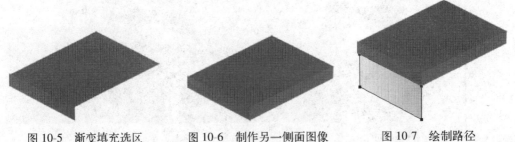

图 10-5　渐变填充选区　　　图 10-6　制作另一侧面图像　　　图 10-7　绘制路径

（9）选取渐变工具，单击属性栏中的"点按可编辑渐变"色块，弹出"渐变编辑器"窗口。从中设置色标的颜色依次为深灰色（RGB 颜色参考值分别为 198、198、198）和浅灰色（RGB 颜色参考值分别为 235、235、235），单击"确定"按钮，即可将其设为当前渐变色。

（10）新建"图层 4"，在图像窗口中的选区内按住鼠标左键并从右向左拖动鼠标，渐变填充选区。单击"选择"|"取消选择"命令，取消选区，效果如图 10-8 所示。

（11）用同样的方法新建"图层 5"，使用钢笔工具和渐变工具制作出盒子的另一侧面图像，效果如图 10-9 所示。

（12）单击"图层"|"新建"|"图层"命令，新建"图层 6"至"图层 15"。用同样的方法，制作出另外两个礼品盒图像，效果如图 10-10 所示。

图 10-8 渐变填充选区   图 10-9 制作另一侧面图像   图 10-10 制作的礼品盒效果

10.1.3 制作蝴蝶结

绘制蝴蝶结的具体操作步骤如下：

（1）选取钢笔工具，在图像窗口中绘制路径，如图 10-11 所示。单击"路径"调板底部的"将路径作为选区载入"按钮，将路径转换为选区。

（2）选取渐变工具，在其属性栏中单击"点按可编辑渐变"色块，弹出"渐变编辑器"窗口，从中设置色标的颜色从左至右依次为深红色（RGB 颜色参考值分别为 182、63、57）和红色（RGB 颜色参考值分别为 220、84、38），单击"确定"按钮，将其设为当前渐变色。

（3）新建"图层 16"，在选区内按住鼠标左键并从上往下拖动鼠标，渐变填充选区。单击"选择"|"取消选择"命令，取消选区，效果如图 10-12 所示。

（4）单击"图层"|"新建"|"图层"命令 5 次，新建"图层 17"至"图层 21"。用同样的方法，制作出另外 5 个彩带图像，效果如图 10-13 所示。

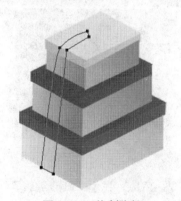  

图 10-11 绘制路径   图 10-12 渐变填充选区   图 10-13 制作彩带图像

（5）选取钢笔工具，在图像窗口中绘制两条路径，如图 10-14 所示。单击"路径"调板底部的"将路径作为选区载入"按钮，将当前路径转换为选区。

（6）设置前景色为深红色（RGB 颜色参考值分别为 175、24、8）。新建"图层 22"，单击"编辑"|"填充"命令，在选区中填充前景色。单击"选择"|"取消选择"命令，取消选区，效果如图 10-15 所示。

（7）使用椭圆选框工具绘制一个正圆选区，新建"图层 23"，设置前景色为绿色（RGB

颜色参考值分别为 0、144、64）。单击"编辑"|"填充"命令，填充前景色，单击"选择"|"取消选择"命令，取消选区，效果如图 10-16 所示。

图 10-14　绘制路径

图 10-15　填充颜色

图 10-16　绘制正圆并填充颜色

（8）设置前景色为白色，使用椭圆选框工具绘制一个椭圆选区。新建"图层 24"，单击"选择"|"修改"|"羽化"命令，弹出"羽化选区"对话框，从中设置"羽化半径"为 2，单击"确定"按钮，羽化选区，效果如图 10-17 所示。

（9）单击"编辑"|"填充"命令，填充前景色。单击"选择"|"取消选择"命令，取消选区，并设置该图层的"不透明度"为 60%，效果如图 10-18 所示。

（10）选取钢笔工具，在图像窗口中绘制路径，如图 10-19 所示。单击"窗口"|"路径"命令，打开"路径"调板，单击该调板底部的"将路径作为选区载入"按钮，将路径转换为选区。

图 10-17　绘制并羽化椭圆选区

图 10-18　填充颜色并设置图层不透明度

图 10-19　绘制路径

（11）选取渐变工具，在其属性栏中单击"点按可编辑渐变"色块，弹出"渐变编辑器"窗口，从中设置色标的颜色从左到右依次为粉红色（RGB 颜色参考值分别为 232、147、183）和浅红色（RGB 颜色参考值分别为 243、216、227），单击"确定"按钮，将其设为当前渐变色。

（12）新建"图层 25"，在图像窗口中的选区内按住鼠标左键并从左下角向右上角拖动鼠标，渐变填充选区。单击"选择"|"取消选择"命令，取消选区，效果如图 10-20 所示。

（13）新建"图层 26"，使用钢笔工具绘制另一个五角星图像，并填充相应的渐变色，效果如图 10-21 所示。

（14）选取椭圆选框工具，在图像窗口中绘制一个正圆选区，如图 10-22 所示。新建"图层 27"，选取渐变工具，在渐变属性栏中设置渐变方式为"径向渐变"。单击"点按可编辑渐变"色块，弹出"渐变编辑器"窗口，从中设置色标的颜色从左到右依次为深橙色（RGB 颜色参考值分别为 228、113、35）和深红色（RGB 颜色参考值分别为 178、68、34），单击"确定"按钮，将其设为当前渐变色。

图 10-20　渐变填充选区　　　图 10-21　绘制的五角星图像　　　图 10-22　绘制正圆选区

（15）在图像窗口中的选区内从中心向外拖曳鼠标，渐变填充选区，单击"选择"|"取消选择"命令，取消选区，效果如图 10-23 所示。

（16）新建"图层 28"，从中绘制出另一个圆形选区，并填充相应的渐变颜色，效果如图 10-24 所示。

（17）单击"窗口"|"字符"命令，打开"字符"调板，从中设置字体为 Giddyup Std、字号为 29.72、行距为 4.53、文本颜色为黑色。选取横排文字工具，在图像窗口中输入所需的文字，然后按小键盘上的【Enter】键确认输入，效果如图 10-25 所示。

图 10-23　渐变填充选区　　　图 10-24　绘制的圆球图像　　　图 10-25　输入文字

（18）单击"图层"调板底部的"添加图层样式"按钮，在弹出的下拉菜单中选择"描边"选项，在弹出的"图层样式"对话框中设置"大小"为 2；选择该对话框左侧的"渐变叠加"选项，在对话框右侧将显示"渐变叠加"的相关选项，单击"点按可编辑渐变"色块，弹出"渐变编辑器"窗口，在"预设"选项区中选择"橙色、黄色、橙色"选项，单击"确定"按钮，设置当前渐变色，再单击"确定"按钮，关闭"图层样式"对话框。单击"编辑"|"变换"|"旋转"命令，调整图像的角度，按【Enter】键确认变换操作，效果如图 10-26 所示。

至此，礼品插画效果制作完成。

读者可以在该实例的基础上，对其进行美化，添加适当的背景效果，从而制作出礼品包装盒的综合效果，如图 10-27 所示。

图 10-26　渐变叠加文字　　　　　　　　图 10-27　综合效果

10.2　卡漫设计——人物插画

本节制作一个人物插画。

10.2.1　预览实例效果

本实例设计的是一幅人物插画，画面以温馨的橙色和时尚的黑色为主色调，整体上给人以恬静而雅致的感觉，实例效果如图 10-28 所示。

图 10-28　人物插画

10.2.2 制作插画人物的头部

绘制插画人物头部的具体操作步骤如下：

（1）单击"文件"|"新建"命令，新建一个"宽度"和"高度"分别为 14 厘米和 20 厘米、"分辨率"为 300 像素/英寸、"背景内容"为"白色"的 RGB 模式的图像文件。

（2）选取钢笔工具，在图像窗口中绘制一条闭合的曲线路径，如图 10-29 所示。单击"窗口"|"路径"命令，打开"路径"调板，单击该调板底部的"将路径作为选区载入"按钮，将路径转换为选区。

（3）单击"窗口"|"图层"命令，打开"图层"调板，从中新建"图层 1"。设置前景色为棕色（RGB 颜色参考值分别为 87、30、12），单击"编辑"|"填充"命令，为选区填充前景色。单击"选择"|"取消选择"命令，取消选区，效果如图 10-30 所示。

（4）用同样的方法绘制出人物头发及其他图像，并填充颜色，效果如图 10-31 所示。

图 10-29 绘制路径　　　　图 10-30 填充颜色　　　　图 10-31 绘制头发图像

（5）使用钢笔工具绘制人物脸部的轮廓路径，效果如图 10-32 所示。单击"路径"调板底部的"将路径作为选区载入"按钮，将路径转换为选区。

（6）新建"图层 2"，并设置前景色为淡黄色（RGB 颜色参考值分别为 248、235、223），单击"编辑"|"填充"命令，用前景色填充选区。单击"选择"|"取消选择"命令，取消选区，效果如图 10-33 所示。

（7）用同样的方法，使用钢笔工具绘制出人物头发其他部位的路径，单击路径调板底部的"将路径作为选区载入"按钮，将路径转换为选区。设置前景色为淡黄色（RGB 颜色值分别为 248、235、233），单击"编辑"|"填充"命令，为选区填充前景色。单击"选择"|"取消选择"命令，取消选区，效果如图 10-34 所示。

（8）使用钢笔工具，在图像窗口中绘制一条开放的曲线路径，效果如图 10-35 所示。

（9）新建"图层 3"，设置前景色为黑灰色（RGB 颜色参考值分别为 67、24、13）。选取画笔工具，在其属性栏中单击"画笔"选项右侧的下拉按钮，弹出"画笔预设"选取器，设置画笔"主直径"为 10px。调出"路径"调板，单击"路径"调板底部的"用画笔描边路径"按钮，描边路径，单击该调板中的灰色空白处，隐藏路径，效果如图 10-36 所示。

（10）用同样的方法，绘制出另一条眉毛，效果如图 10-37 所示。

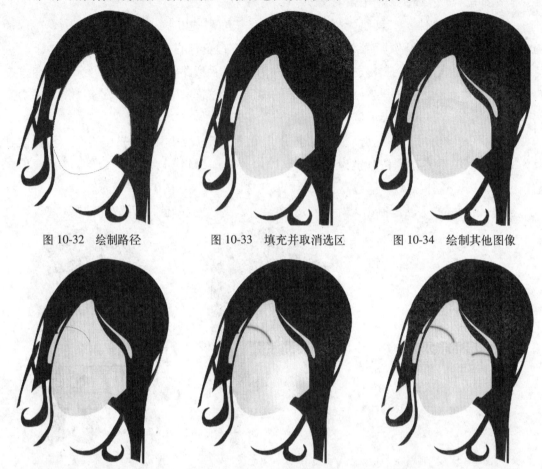

图 10-32　绘制路径　　　　　图 10-33　填充并取消选区　　　　　图 10-34　绘制其他图像

图 10-35　创建开放式路径　　　　图 10-36　描边路径　　　　　图 10-37　绘制眉毛

（11）使用钢笔工具，在图像窗口中绘制眼睛的闭合曲线路径，效果如图 10-38 所示。

（12）设置前景色为白色，单击"路径"调板底部的"将路径作为选区载入"按钮，将当前路径转换为选区。新建"图层 4"，单击"编辑"|"填充"命令，为选区填充前景色。单击"选择"|"取消选择"命令，取消选区，效果如图 10-39 所示。

（13）选取椭圆选框工具，在图像窗口中绘制一个椭圆形选区。新建"图层 5"，设置前景色为黑色，单击"编辑"|"填充"命令，为选区填充前景色。单击"选择"|"取消选择"命令，取消选区，效果如图 10-40 所示。

（14）使用椭圆选框工具，在图像窗口中绘制一个小椭圆形选区。新建"图层 6"，设置前景色为白色，单击"编辑"|"填充"命令，为选区填充前景色。单击"选择"|"取消选择"命令，取消选区，效果如图 10-41 所示。

（15）选取钢笔工具，绘制一条眼睫毛的闭合曲线路径，效果如图 10-42 所示。

（16）新建"图层 7"，设置前景色为深棕色（RGB 颜色参考值分别为 55、44、37），单击路径调板底部的"用前景色填充路径"按钮，填充路径，并单击该调板中的灰色空白处，隐藏路径，效果如图 10-43 所示。

图 10-38　创建眼睛路径

图 10-39　填充并取消选区

图 10-40　创建、填充并取消选区

图 10-41　绘制眼睛

图 10-42　绘制眼睫毛路径

图 10-43　填充并隐藏路径

（17）参照绘制右眼的方法，绘制人物的左眼图像，效果如图 10-44 所示。

（18）使用钢笔工具，在图像窗口中绘制一条闭合的曲线路径，效果如图 10-45 所示。

（19）设置前景色为白色，单击"路径"调板底部的"将路径作为选区载入"按钮，将路径转换为选区。单击"选择"|"修改"|"羽化"命令，在弹出的"羽化选区"对话框中设置"羽化半径"为 5，单击"确定"按钮，羽化选区。单击"编辑"|"填充"命令，为该选区填充前景色。单击"选择"|"取消选择"命令，取消选区，效果如图 10-46 所示。

（20）选取椭圆选框工具，在其属性栏中单击"添加到选区"按钮，在图像窗口中绘制两个椭圆形选区，效果如图 10-47 所示。

图 10-44　绘制左眼图像

图 10-45 创建闭合路径   图 10-46 羽化、填充并取消选区   图 10-47 创建选区

(21) 新建"图层 8",设置前景色为淡红色(RGB 颜色参考值分别为 242、192、172),单击"选择"|"修改"|"羽化"命令,在弹出的"羽化选区"对话框中设置"羽化半径"为 4,单击"确定"按钮,羽化选区。单击"编辑"|"填充"命令,为选区填充前景色。单击"选择"|"取消选择"命令,取消选区,效果如图 10-48 所示。

(22) 选取钢笔工具,在人物鼻子的下方绘制出人物嘴唇轮廓路径,效果如图 10-49 所示。

(23) 新建"图层 9",设置前景色为粉红色(RGB 颜色参考值分别为 245、205、189),单击调板底部的"用前景色填充路径"按钮,在路径中填充前景色。单击调板中的灰色空白处,隐藏路径,效果如图 10-50 所示。

图 10-48 填充并取消选区   图 10-49 创建人物嘴唇路径   图 10-50 填充并隐藏路径

10.2.3 制作插画人物的身体部分

绘制插画人物身体部分的具体操作步骤如下:

(1) 使用钢笔工具绘制一条闭合路径,如图 10-51 所示。单击"路径"调板底部的"将路径作为选区载入"按钮,将该路径转换为选区。

(2) 新建"图层 10",设置前景色为淡黄色(RGB 颜色参考值分别为 248、235、223),

单击"编辑"|"填充"命令，为当前选区填充前景色，单击"选择"|"取消选择"命令，取消选区，效果如图 10-52 所示。

（3）使用钢笔工具，绘制出毛巾的轮廓路径，效果如图 10-53 所示。

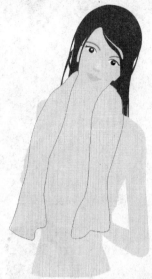

图 10-51　绘制路径　　　　　图 10-52　填充并取消选区　　　图 10-53　绘制毛巾轮廓路径

（4）新建"图层 11"，单击"路径"调板底部的"将路径作为选区载入"按钮，将当前路径转换为选区。设置前景色为浅黄色（RGB 颜色参考值分别为 255、230、139）、背景色为淡黄色（RGB 颜色参考值分别为 249、246、211），选取渐变工具，在属性栏中单击"点按可编辑渐变"色块，在弹出的"渐变编辑器"窗口的"预览"选项区中选择"前景到背景"选项。在图像窗口的右上角按住鼠标左键，并向左下角拖动鼠标，至合适位置后释放鼠标，渐变填充选区。单击"选择"|"取消选择"命令，取消选区，效果如图 10-54 所示。

（5）选取钢笔工具，绘制出手部的轮廓路径，效果如图 10-55 所示。

（6）新建"图层 12"，设置前景色为淡黄色（RGB 颜色参考值分别为 248、235、223），单击"路径"调板底部的"将路径作为选区载入"按钮，将路径转换为选区。单击"编辑"|"填充"命令，在选区中填充前景色，单击"选择"|"取消选择"命令，取消选区，效果如图 10-56 所示。

（7）使用钢笔工具，在图像窗口中绘制出人物的衣服轮廓路径，效果如图 10-57 所示。单击"路径"调板底部的"将路径作为选区载入"按钮，将路径转换为选区。

（8）新建"图层 13"，设置前景色为蓝色（RGB 颜色参考值分别为 46、50、88）、背景色为深蓝色（RGB 颜色参考值分别为 37、27、28）。选取渐变工具，在"渐变编辑器"窗口的"预设"选项区中选择"前景到背景"选项，在图像窗口的选区内按住鼠标左键，并从右上角向左下角拖动鼠标，渐变填充选区。单击"选择"|"取消选择"命令，取消选区，效果如图 10-58 所示。

（9）用同样的方法，绘制出人物的裤子图像，效果如图 10-59 所示。

图 10-54　填充渐变色　　　图 10-55　绘制手路径　　　图 10-56　填充选区

图 10-57　绘制衣服路径　　　图 10-58　填充衣服颜色　　　图 10-59　绘制裤子

（10）新建"图层 14"，选取钢笔工具，在图像窗口中的合适位置绘制一条闭合的曲线路径，效果如图 10-60 所示。单击"路径"调板底部的"将路径作为选区载入"按钮，将路径转换为选区。

（11）设置前景色为粉红色（RGB 颜色参考值分别为 246、208、185）、背景色为淡红色（RGB 颜色参考值分别为 246、211、204），选取渐变工具，并在其属性栏中单击"点按可编辑渐变"色块，弹出"渐变编辑器"窗口，从"预设"选项区中选择"前景到背景"选项，在选区的右上角按住鼠标左键并向左下角拖动鼠标，渐变填充选区。单击"选择"|"取消选择"命令，取消选区，效果如图 10-61 所示。

（12）选取加深工具，在图像中的适当位置按住鼠标左键并拖动鼠标，加深图像，效果如图 10-62 所示。

图 10-60　绘制路径　　　　图 10-61　填充并取消选区　　　图 10-62　加深图像

（13）用同样的方法，加深图像中其他需要加深的区域，效果如图 10-63 所示。至此，人物插画制作完成。

读者可以在该实例的基础上，对最终效果进行美化，绘制与女孩相吻合的背景图像，从而完成实例综合效果的制作，如图 10-64 所示。

图 10-63　加深部分图像　　　　　　　图 10-64　综合效果

10.3　卡漫设计——风景插画

本节制作一幅风景插画。

10.3.1　预览实例效果

本实例绘制的是一幅风景插画，在设计色彩上使用了丰富且对比强烈的颜色，从而使绘制的画面生动活泼。实例效果如图 10-65 所示。

图 10-65　风景插画

10.3.2　制作绿草小溪

绘制绿草小溪的具体操作步骤如下：

（1）单击"文件"｜"新建"命令，新建一个"宽度"和"高度"分别为 7 厘米和 5.22 厘米、"分辨率"为 300 像素/英寸、"背景内容"为"白色"的 RGB 模式的图像文件。

（2）选取渐变工具，在其属性栏中单击"线性渐变"按钮，单击"点按可编辑渐变"色块，弹出"渐变编辑器"窗口，从中设置色标颜色从左到右依次为深绿色（RGB 颜色参考值分别为 1、61、43）和黄色（RGB 颜色参考值分别为 254、220、0），单击"确定"按钮，将其设为当前渐变色。

图 10-66　填充渐变色

（3）在图像窗口中从上至下拖曳鼠标，为整幅图像填充渐变色，效果如图 10-66 所示。

（4）选取钢笔工具，单击其属性栏中的"路径"按钮，并在图像窗口中绘制所需的路径，如图 10-67 所示。单击"窗口"｜"路径"命令，打开"路径"调板，单击该调板底部的"将路径作为选区载入"按钮，将当前路径转换为选区。

（5）设置前景色为绿色（RGB 颜色参考值分别为 107、184、99），新建"图层 1"。单击"编辑"｜"填充"命令，在选区中填充前景色。单击"选择"｜"取消选择"命令，取消选区，效果如图 10-68 所示。

（6）使用钢笔工具，在图像窗口中的适当位置绘制路径，如图 10-69 所示。单击"路径"调板底部的"将路径作为选区载入"按钮，将路径转换为选区。

图 10-67　绘制路径

图 10-68　填充颜色

图 10-69　绘制路径

（7）选取渐变工具，在其属性栏中单击"点按可编辑渐变"色块，弹出"渐变编辑器"窗口。从中设置色标颜色从左到右依次为蓝色（RGB 颜色参考值分别为 3、165、244）和白色，单击"确定"按钮。

（8）新建"图层 2"，在图像窗口中的选区中从上至下拖曳鼠标，为选区填充渐变色。单击"选择" | "取消选择"命令，取消选区，效果如图 10-70 所示。

（9）选取钢笔工具，在图像窗口中绘制一条水波路径，如图 10-71 所示。单击该调板底部的"将路径作为选区载入"按钮，将路径转换为选区。

（10）设置前景色为淡蓝色（RGB 颜色参考值分别为 132、214、245），新建"图层 3"，单击"编辑" | "填充"命令，在选区中填充前景色。单击"选择" | "取消选择"命令，取消选区，效果如图 10-72 所示。

图 10-70 渐变填充

图 10-71 绘制水波路径

图 10-72 填充颜色

（11）使用钢笔工具，在图像窗口中绘制树木的轮廓路径，如图 10-73 所示。单击"路径"调板底部的"将路径作为选区载入"按钮，将路径转换为选区。

（12）设置前景色为绿色（RGB 颜色参考值分别为 0、153、72），并新建"图层 4"，单击"编辑" | "填充"命令，在选区中填充前景色，单击"选择" | "取消选择"命令，取消选区，效果如图 10-74 所示。

图 10-73 绘制树林的轮廓路径

（13）使用钢笔工具，在图像窗口中绘制路径，如图 10-75 所示。单击"路径"调板底部的"将路径作为选区载入"按钮，将当前路径转换为选区。

（14）设置前景色为深绿色（RGB 颜色参考值分别为 0、141、66），单击"图层" | "新建" | "图层"命令，新建"图层 5"。单击"编辑" | "填充"命令，为选区填充前景色，单击"选择" | "取消选择"命令，取消选区，效果如图 10-76 所示。

图 10-74 填充颜色

图 10-75 绘制路径

图 10-76 填充前景色

（15）使用钢笔工具，在图像窗口中绘制树干的路径，如图 10-77 所示。单击"路径"调板底部的"将路径作为选区载入"按钮，将路径转换为选区。

（16）设置前景色为褐色（RGB 颜色参考值分别为 170、108、31），并新建"图层 6"。单击"编辑"|"填充"命令，为选区填充前景色，单击"选择"|"取消选择"命令，取消选区，效果如图 10-78 所示。

（17）选取椭圆工具，在图像窗口中绘制一条椭圆路径，作为树影图像，如图 10-79 所示。单击"路径"调板底部的"将路径作为选区载入"按钮，将路径转换为选区。

图 10-77 绘制树干的路径

图 10-78 填充颜色

图 10-79 绘制椭圆路径

（18）设置前景色为深绿色（RGB 颜色参考值分别为 25、134、69），单击"图层"|"新建"|"图层"命令，新建"图层 7"。单击"编辑"|"填充"命令，为选区填充前景色，单击"选择"|"取消选择"命令，取消选区。在"图层"调板中移动"图层 7"至"图层 4"的下方，效果如图 10-80 所示。

（19）按住【Shift】键的同时在"图层"调板中单击"图层 7"和"图层 4"，选中图层 4～图层 7，拖曳这些图层至调板底部的"创建新图层"按钮上，创建这几个图层的副本。单击"图层"|"合并图层"命令，将所得图层副本合并。将新合并的图层移动至"图层 7"的下方，选取移动工具，在图像窗口中调整图像的位置，效果如图 10-81 所示。

（20）再次复制树图像，并调整该图像的位置与大小，从而制作出另一棵绿松树图像，效果如图 10-82 所示。

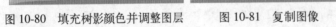
图 10-80 填充树影颜色并调整图层

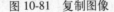
图 10-81 复制图像

图 10-82 再次复制图像

10.3.3 制作房屋

绘制房屋的具体操作步骤如下：

（1）选取钢笔工具，在图像窗口中绘制所需的路径，如图 10-83 所示。单击"路径"调板底部的"将路径作为选区载入"按钮，将路径转换为选区。

（2）设置前景色为蓝色（RGB 颜色参考值分别为 114、194、247），单击"图层"|"新建"|"图层"命令，新建"图层 8"。单击"编辑"|"填充"命令，在选区中填充前景色，单击"选择"|"取消选择"命令，取消选区，效果如图 10-84 所示。

（3）使用钢笔工具，在图像窗口中绘制四边形路径，如图 10-85 所示。单击"路径"调板底部的"将路径作为选区载入"按钮，将路径转换为选区。

图 10-83 绘制路径   图 10-84 填充颜色并取消选区   图 10-85 绘制四边形路径

（4）设置前景色为深蓝色（RGB 颜色参考值分别为 0、139、211），新建"图层 9"。单击"编辑"|"填充"命令，在选区中填充前景色，单击"选择"|"取消选择"命令，取消选区，效果如图 10-86 所示。

（5）使用钢笔工具，在图像窗口中继续绘制一个三角形路径，如图 10-87 所示。单击"路径"调板底部的"将路径作为选区载入"按钮，将路径转换为选区。

（6）设置前景色为深蓝色（RGB 颜色参考值分别为 0、91、137），新建"图层 10"，单击"编辑"|"填充"命令，在选区中填充前景色，然后单击"选择"|"取消选择"命令，取消选区，效果如图 10-88 所示。

图 10-86 填充前景色并取消选区   图 10-87 绘制三角形路径   图 10-88 填充前景色并取消选区

（7）用同样的方法，新建"图层 11"和"图层 12"，绘制出房屋墙壁图像，效果如图 10-89 所示。

（8）选取椭圆工具，在图像窗口中的适当位置绘制一条椭圆形路径，如图 10-90 所示。单击"路径"调板底部的"将路径作为选区载入"按钮，将当前路径转换为选区。

（9）设置前景色为褐色（RGB 颜色参考值分别为 192、140、0），并新建"图层 13"。单击"编辑"|"填充"命令，为选区填充前景色。单击"选择"|"取消选择"命令，取消选区，效果如图 10-91 所示。

（10）选取钢笔工具，在图像窗口中绘制路径，如图 10-92 所示。单击"路径"调板底部的"将路径作为选区载入"按钮，将路径转换为选区。

（11）设置前景色为黄色（RGB 颜色参考值分别为 250、236、12），新建"图层 14"。单击"编辑"|"填充"命令，在选区中填充前景色，单击"选择"|"取消选择"命令，取消选区，效果如图 10-93 所示。

（12）用同样的方法，绘制出门窗图像，效果如图 10-94 所示。

图 10-89　绘制房屋墙壁图像

图 10-90　绘制椭圆形路径

图 10-91　填充颜色并取消选区

图 10-92　绘制路径

图 10-93　填充颜色并取消选区

图 10-94　绘制门窗

　　(13) 选取矩形选框工具，在图像窗口中绘制一个矩形选区。设置前景色为暗橙色（RGB 颜色参考值分别为 208、156、22），并新建"图层 18"。单击"编辑"|"填充"命令，为选区填充前景色，单击"选择"|"取消选择"命令，取消选区，如图 10-95 所示。

　　(14) 按【Ctrl+Alt+T】组合键，复制并移动绘制的矩形图像至合适位置，如图 10-96 所示。按【Enter】键确认操作，得到复制并移动位置后的图像。

　　(15) 连续按【Shift+Ctrl+Alt+T】组合键两次，复制两个图像，如图 10-97 所示。按住【Ctrl】键的同时，在"图层"调板中选中这 4 个矩形图层，并单击"图层"|"合并图层"命令，合并矩形图层。

图 10-95　绘制矩形图像

图 10-96　复制并移动矩形图像

图 10-97　复制矩形图像并合并图层

　　(16) 拖曳合并后的图层至"图层"调板底部的"创建新图层"按钮上，复制该图层，选取移动工具，在图像窗口中调整图像的位置，效果如图 10-98 所示。

　　(17) 按住【Ctrl】键的同时，在"图层"调板中选中"图层 18 副本 4"、"图层 18 副本 3"和"图层 18"图层，拖曳选中的图层至"图层"调板底部的"创建新图层"按钮上，复制一组新图层。单击"图层"|"合并图层"命令，合并选中的图层，并在图像窗口中调整图像的位置，效果如图 10-99 所示。

　　(18) 按住【Ctrl】键的同时，在"图层"调板中选中房屋图像的所有图层，将其拖曳至该调板底部的"创建新图层"按钮上，复制出一组新的图层。单击"图层"|"合并图层"

命令，合并选中的图层，单击"编辑"|"自由变换"命令，调整图像的大小及位置。按【Enter】键确认变换操作，效果如图 10-100 所示。

图 10-98　复制图层

图 10-99　复制图像

图 10-100　复制并调整图像

（19）将合并后的图层拖曳至"背景"图层上方，单击"图像"|"调整"|"色相/饱和度"命令，在弹出的对话框中设置"色相"为-20，单击"确定"按钮，调整图像色相，并调整其大小及位置，效果如图 10-101 所示。

图 10-101　调整图像的色相、大小及位置

10.3.4　制作灯塔及星星

绘制灯塔及星星的具体操作步骤如下：

（1）选取钢笔工具，在图像窗口中绘制一条灯塔轮廓路径，如图 10-102 所示。单击"路径"调板底部的"将路径作为选区载入"按钮，将当前路径转换为选区。

（2）设置前景色为黑色，新建"图层 18"，单击"编辑"|"填充"命令，在选区中填充前景色，单击"选择"|"取消选择"命令，取消选区，效果如图 10-103 所示。

（3）使用钢笔工具在图像窗口中绘制路径，如图 10-104 所示。单击"路径"调板底部的"将路径作为选区载入"按钮，将路径转换为选区。

图 10-102　绘制灯塔轮廓路

图 10-103　填充颜色并取消选区

图 10-104　绘制路径

（4）设置前景色为淡暖褐色（RGB 颜色参考值分别为 246、230、194），单击"图层"|"新建"|"图层"命令，新建"图层 19"。单击"编辑"|"填充"命令，为选区填充前景色，单击"选择"|"取消选择"命令，取消选区，并在"图层"调板中设置该图层的"不透明度"为 18，效果如图 10-105 所示。

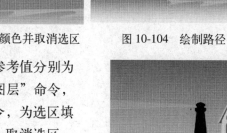
图 10-105　填充颜色并设置不透明度

（5）选取自定形状工具，在其属性栏中单击"形状"

选项右侧的下拉按钮，弹出"自定形状"选取器，从中选择"5 角星"选项。在图像窗口中，按住【Shift】键同时拖曳鼠标，绘制形状，效果如图 10-106 所示。

（6）单击"路径"调板底部的"将路径作为选区载入"按钮，将路径转换为选区。选取渐变工具，在其属性栏中单击"点按可编辑渐变"色块，弹出"渐变编辑器"窗口，设置色标颜色从左到右依次为深绿色（RGB 颜色参考值分别为 40、85、37）和黄色（RGB 颜色参考值分别为 248、251、5），单击"确定"按钮，将其设为当前渐变色。

（7）单击"图层"|"新建"|"图层"命令，新建"图层 20"。在图像窗口中的选区内从上至下拖曳鼠标，为选区填充渐变颜色，单击"选择"|"取消选择"命令，取消选区，效果如图 10-107 所示。

（8）在"图层"调板中复制多个星星图层，并选取移动工具调整每个星星的大小及位置，完成星空夜景效果的制作，效果如图 10-108 所示。

图 10-106　绘制自定形状　　　图 10-107　填充渐变色并取消选区　　　图 10-108　星空夜景

第 *11* 章　包装设计

　　包装设计是平面设计的一个重要组成部分，因为包装设计是产品的外在表现，它可以使产品更加美观、大方，从而更能吸引消费者。本章将通过 3 个实例，详细介绍包装设计的创意、技巧及制作流程。

11.1　包装设计——书籍包装 ➡

　　本节制作书籍包装效果图。

11.1.1　预览实例效果

　　本实例设计的是书籍包装，包装以纯洁的白色结合色彩鲜明的红色为主色调。实例效果如图 11-1 所示。

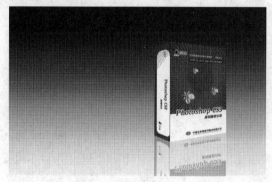

图 11-1　书籍包装

11.1.2　制作书籍版式

　　制作书籍版式的具体操作步骤如下：

　　（1）单击"文件"｜"新建"命令，新建一幅"宽度"和"高度"分别为 841 像素和 536 像素、"分辨率"为 300 像素/英寸、"背景内容"为"白色"的 RGB 模式的图像。

　　（2）设置前景色和背景色为系统默认颜色，选取渐变工具，并在其属性栏中单击"点按可编辑渐变"色块，弹出"渐变编辑器"窗口，在"预设"选项区中选择"前景到背景"选项，单击"确定"按钮关闭该窗口。单击属性栏中的"线性渐变"按钮 ▦，在图像窗口中按住鼠标左键并向下拖动鼠标，至合适位置后释放鼠标，效果如图 11-2 所示。

　　（3）选取矩形选框工具，在图像窗口中按住鼠标左键并拖动鼠标，至合适位置后释放鼠标，创建一个矩形选区，效果如图 11-3 所示。

　　（4）新建"图层 1"，设置前景色为红色（RGB 颜色参考值分别为 255、0、0），单击"编辑"｜"填充"命令，在选区中填充前景色。单击"选择"｜"取消选择"命令，取消选区，效果如图 11-4 所示。

(5) 使用矩形选框工具，在上一步绘制的图形的下半部分创建一个矩形选区，效果如图 11-5 所示。

图 11-2　填充背景图层

图 11-3　创建矩形选区

图 11-4　填充并取消选区

图 11-5　创建选区

(6) 单击"编辑"|"填充"命令，弹出"填充"对话框，从中设置填充选项为"背景色"，单击"确定"按钮，为选区填充背景色。单击"选择"|"取消选择"命令，取消选区，效果如图 11-6 所示。

(7) 使用矩形选框工具，在图像中的红色部分创建一个矩形选区。新建"图层 2"，单击工具箱中的"设置前景色"色块，设置前景色为深红色（RGB 颜色参考值分别为 192、2、2）。单击"编辑"|"填充"命令，为选区填充前景色。单击"选择"|"取消选择"命令，取消选区，效果如图 11-7 所示。

图 11-6　填充并取消选区

图 11-7　创建、填充并取消选区

（8）单击"图层"Ⅰ"复制图层"命令，复制"图层 2"，得到"图层 2 副本"图层。选取移动工具，将"图层 2 副本"图层中的图像移至图像中红色部分的右侧，效果如图 11-8 所示。

（9）选择"图层 2 副本"图层中的图像为当前图层，单击"图层"Ⅰ"向下合并"命令，将"图层 2 副本"与"图层 2"图层合并。单击"文件"Ⅰ"打开"命令，打开一幅素材图像，如图 11-9 所示。

图 11-8　复制图像

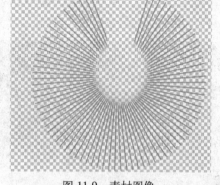

图 11-9　素材图像

（10）使用移动工具，移动素材图像至书籍包装文件中，并调整其位置，得到"图层 3"。单击"编辑"Ⅰ"变换"Ⅰ"缩放"命令，缩放"图层 3"中的图像至合适大小，按【Enter】键确认操作，效果如图 11-10 所示。

（11）选取矩形选框工具，在图像窗口的红色区域位置创建一个矩形选区，单击"选择"Ⅰ"反向"命令，反选选区，按【Delete】键删除选区中的图

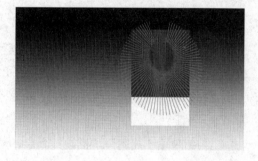

图 11-10　移动并调整图像的位置及大小

像。在"图层"调板中设置"图层 3"的"不透明度"为 80%，单击"选择"Ⅰ"取消选择"命令，取消选区，效果如图 11-11 所示。

（12）选择"图层 2"，单击"图层"调板底部的"添加图层蒙版"按钮 ，为"图层 2"添加图层蒙版。设置前景色为黑色，选取画笔工具，在其属性栏中设置画笔"主直径"为 55、"不透明度"为 54%、"流量"为 64%。在图像中需要遮蔽的区域上按住鼠标左键并拖动鼠标，添加蒙版后的图像效果如图 11-12 所示。

（13）用同样的方法，为"图层 3"添加图层蒙版，遮蔽不需要显示的区域，效果如图 11-13 所示。

（14）选取钢笔工具，在图像中绘制曲线路径。新建"图层 4"，选取画笔工具，并设置画笔类型为"尖角 3 像素"、"不透明度"为 30%。单击"窗口"Ⅰ"路径"命令，打开"路径"调板，单击该调板底部的"用画笔描边路径"按钮，描边路径。在该调板中的灰色空白处单击鼠标左键，隐藏路径，效果如图 11-14 所示。

图 11-11　删除选中的图像

图 11-12　为"图层 2"添加图层蒙版

图 11-13　为"图层 3"添加图层蒙版

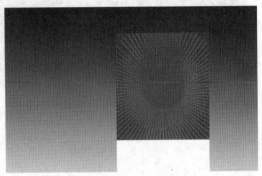

图 11-14　描边路径

（15）选取圆角矩形工具，在其属性栏中单击"路径"按钮，并设置半径为 20px，在图像窗口中绘制一条圆角矩形路径，效果如图 11-15 所示。

（16）单击"路径"调板中的"将路径作为选区载入"按钮，将当前路径转换为选区，并新建"图层 5"。

（17）单击"编辑"|"描边"命令，弹出"描边"对话框，在"描边"选项区中设置"宽度"为 1px、"颜色"为黑色；在"位置"选项区中单击"居外"单选按钮，单击"确定"按钮，描边路径，然后取消选区，效果如图 11-16 所示。

图 11-15　绘制圆角矩形路径

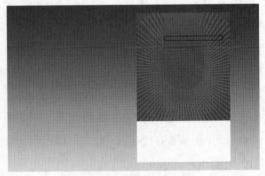

图 11-16　填充并描边路径

（18）单击"文件"|"打开"命令，打开两幅素材图像，选取移动工具，将两幅素材图像移至书籍包装图像窗口中，自动新建"图层 6"和"图层 7"，调整两幅素材图像至合适位置，效果如图 11-17 所示。

（19）打开另一幅所需的素材图像，将其移至书籍包装图像窗口中，此时，"图层"调板中将自动创建"图层 8"，拖曳"图层 8"至"图层"调板底部的"创建新图层"按钮上，得到"图层 8 副本"图层。

（20）用同样的方法再次复制"图层 8"，得到"图层 8 副本 2"图层。单击"编辑"|"变换"|"缩放"命令，调整各图像的大小及位置，效果如图 11-18 所示。

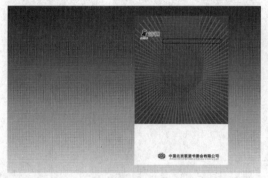

图 11-17　移入素材图像并调整位置　　　　图 11-18　复制并调整图像大小及位置

11.1.3　制作文字内容

制作文字内容的具体操作步骤如下：

（1）选择"图层 8 副本 2"图层，选取横排文字工具，在图像窗口中单击鼠标左键，并输入所需文本 Photoshop CS3。选中文字 Photoshop，在属性栏中设置其字体为 Cambria，选中文字 CS3，设置其字体为 Calibri。选中文字 Photoshop CS3，单击"显示/隐藏字符和段落调板"按钮 ，在打开的"字符"调板中单击"仿斜体"按钮 T，设置字距为 100、字号为 6 点，并将文字 Photoshop CS3 移至红色与白色交界处，效果如图 11-19 所示。

（2）选择文字图层，单击"图层"调板底部的"添加图层样式"按钮 fx，在弹出的下拉菜单中选择"描边"选项，在打开的"混合选项"对话框中设置"大小"为 2、颜色为白色，单击"确定"按钮，为文字设置描边样式。选取移动工具，调整文字的位置，效果如图 11-20 所示。

图 11-19　编辑文本　　　　　　　　　图 11-20　描边并移动文字

（3）用同样的方法，在图像窗口中的其他位置输入相应文字，并设置所需的字体格式，效果如图 11-21 所示。

（4）参照前面的制作方法，制作书脊图，效果如图 11-22 所示。

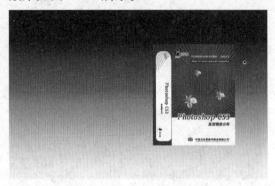

图 11-21　输入其他的文字　　　　　　　　　　图 11-22　制作书脊

11.1.4　制作立体效果

制作书籍包装立体效果的具体操作步骤如下：

（1）选择"背景"图层，单击"图层"|"隐藏图层"命令，隐藏"背景"图层。选择"图层 1"，单击"图层"|"合并可见图层"命令，合并所有可见图层。再次选择"背景"图层，单击"图层"|"显示图层"命令，显示"背景"图层。

（2）选取矩形选框工具，创建一个矩形选区，效果如图 11-23 所示。选择"图层 1"，单击"图层"|"新建"|"通过剪切的图层"命令，将选区中的内容剪切到新图层，此时图层调板中将自动创建"图层 2"。

（3）单击"编辑"|"变换"|"扭曲"命令，此时在图像四周出现变换控制框，如图 11-24 所示。

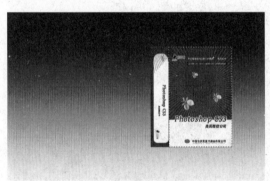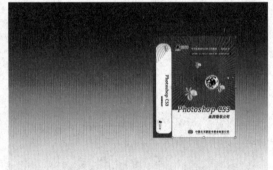

图 11-23　创建选区　　　　　　　　　　图 11-24　出现变换控制框

（4）在相应的控制柄上按住鼠标左键并拖动鼠标，调整各控制柄至适当位置，按【Enter】键确认操作，得到变换后的图像，效果如图 11-25 所示。

（5）用同样的方法，对制作的书脊进行缩放和扭曲变形，效果如图 11-26 所示。

（6）在"图层"调板中选择"图层 2"，单击"图层"|"复制图层"命令，复制"图层 2"，得到"图层 2 副本"图层。单击"编辑"|"变换"|"垂直翻转"命令，将其垂直翻转，并调整至合适的位置，效果如图 11-27 所示。

（7）在图像窗口中单击鼠标右键，在弹出的快捷菜单中选择"斜切"选项，将鼠标指针移至右侧中间的控制柄上，按住鼠标左键并向上拖动鼠标，至适当位置后释放鼠标，按【Enter】键确认变换操作，效果如图 11-28 所示。

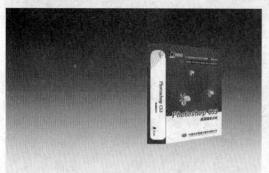

图 11-25　扭曲变形

图 11-26　对书脊扭曲变形

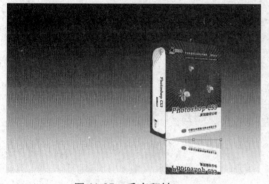

图 11-27　垂直翻转

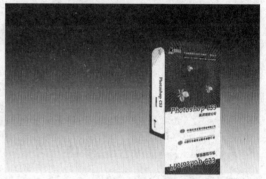

图 11-28　斜切图像

（8）在"图层"调板中设置该图层的"不透明度"为 35%，效果如图 11-29 所示。

（9）用同样的方法，制作出书脊的倒影立体图像，效果如图 11-30 所示。至此，书籍包装设计制作完成。

图 11-29　降低图像不透明度

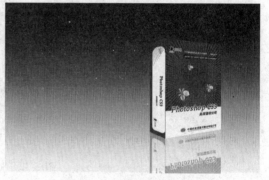

图 11-30　制作书脊倒影图像

读者可以在该实例的基础上，对制作的图像进行复制、排版和调色等操作，从而制作出多本书籍的综合效果，如图 11-31 所示。

图 11-31　综合效果

11.2　包装设计——时尚服饰包装

本节制作时尚服饰包装效果图。

11.2.1　预览实例效果

本实例设计的是时尚服饰包装。本设计以时尚、高贵的人物为视觉焦点，其中，立体外形的设计清新大方，一目了然，从整体上看更具美感，实例效果如图 11-32 所示。

图 11-32　时尚服饰包装

11.2.2　制作服饰包装平面效果

制作服饰包装平面效果的具体操作步骤如下：

（1）单击"文件"|"新建"命令，新建一幅"宽度"和"高度"分别为 600 像素和 412

像素、"分辨率"为 300 像素/英寸、"背景内容"为"白色"的 RGB 模式的图像文件。

　　(2) 设置前景色为黄色 (RGB 颜色参考值分别为 254、228、26)、背景色为深黄色 (RGB 颜色参考值分别为 124、75、6)。选取矩形选框工具,在图像中绘制一个矩形选区,如图 11-33 所示。

　　(3) 新建"图层 1",选取渐变工具,在"渐变编辑器"窗口中的"预设"选项区中选择"前景到背景"选项,并在属性栏中单击"线性渐变"按钮▭,在图像窗口中按住鼠标左键并向下拖动鼠标,至合适位置后释放鼠标,填充选区。单击"选择"|"取消选择"命令取消选区,效果如图 11-34 所示。

图 11-33　创建矩形选区　　　　　　图 11-34　填充并取消选区

　　(4) 用同样的方法,在图像的左侧绘制一个渐变矩形图像,效果如图 11-35 所示。

　　(5) 单击"文件"|"打开"命令,打开一幅素材图像,如图 11-36 所示。

图 11-35　绘制渐变图像　　　　　　图 11-36　素材图像

　　(6) 选取移动工具,移动素材图像至服饰包装平面效果图像窗口中,并调整其位置,效果如图 11-37 所示。此时,"图层"调板中将自动创建"图层 2"。

　　(7) 单击"图层"调板底部的"添加图层蒙版"按钮▣,为当前图层添加图层蒙版,选取画笔工具,设置前景色为黑色,并在其属性栏中根据需要设置画笔大小,然后在图像窗口中按住鼠标左键并拖动鼠标,遮蔽不需要显示的图像区域,效果如图 11-38 所示。

　　(8) 在"图层 2"的"图层蒙版缩略图"上单击鼠标右键,在弹出的快捷菜单中选择"应用图层蒙版"选项,应用图层蒙版。

图 11-37 移入图像　　　　　　　　　图 11-38 添加图层蒙版后的效果

(9) 选取横排文字工具，在其属性栏中设置字体为"黑体"、字号为 10 点、文本颜色为白色。在素材图像的下方输入文字"北京国际服装出品有限公司"，按小键盘上的【Enter】键确认文字输入，效果如图 11-39 所示。

(10) 用同样的方法，在图像窗口中输入其他相应的文字，效果如图 11-40 所示。

图 11-39 输入横排文本　　　　　　　　图 11-40 输入其他文本

(11) 选择"曲纤　风雅华丽　靓丽一生"文字图层，单击"图层"|"删格化"|"文字"命令，将文字图层转换为普通图层。单击"滤镜"|"扭曲"|"切变"命令，弹出"切变"对话框，从中调整切变曲线，如图 11-41 所示。

(12) 单击"确定"按钮，使用"切变"滤镜，效果如图 11-42 所示。

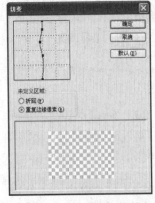

图 11-41 "切变"对话框　　　　　　　图 11-42 扭曲文本

11.2.3 制作服饰包装立体效果

制作服饰包装立体效果的具体操作步骤如下：

（1）单击"文件"｜"新建"命令，新建一幅"宽度"和"高度"分别为 500 像素和 412 像素、"分辨率"为 300 像素/英寸、"背景内容"为"白色"的 RGB 模式的图像文件。

（2）按【D】键恢复默认的前景色和背景色，选取渐变工具，打开"渐变编辑器"窗口，并在"预设"选项区中选择"前景到背景"选项，在图像窗口中按住鼠标左键并从上向下拖动鼠标，至合适位置后释放鼠标，渐变填充"背景"图层，效果如图 11-43 所示。

图 11-43 填充"背景"图层

（3）切换至服饰包装平面效果图像窗口，单击"图层"｜"合并可见图层"命令，将所有的可见图层合并为"背景"图层。选取矩形选框工具，在图像窗口中创建一个矩形选区，如图 11-44 所示。

（4）选取移动工具，将选区内的图像拖曳至服饰包装立体效果图像窗口中，并调整该图像的大小及位置，效果如图 11-45 所示。

图 11-44 创建矩形选框

图 11-45 移入选区中的图像

（5）单击"编辑"｜"变换"｜"扭曲"命令，对图像进行调整，效果如图 11-46 所示。

（6）单击鼠标右键，在弹出的快捷菜单中选择"变形"选项，对图像进行适当的调整，按【Enter】键确认，如图 11-47 所示。

（7）用同样的方法，将包装的侧面图像移到该图像窗口中并进行扭曲。单击"图层"｜"排列"｜"后移一层"命令，将当前图层向下移动一层，效果如图 11-48 所示。

（8）设置前景色为黄色（RGB 颜色参考值分别为 254、228、26），新建"图层 3"，选取钢笔工具，在图像中的适当位置绘制一条闭合的曲线路径，如图 11-49 所示。

（9）单击"窗口"｜"路径"命令，打开"路径"调板，单击该调板底部的"将路径作为选区载入"按钮，将当前路径转换为选区。单击"编辑"｜"填充"命令，为选区填充前景色。单击"选择"｜"取消选择"命令，取消选区，效果如图 11-50 所示。

（10）新建"图层 4"，在按住【Ctrl】键的同时，单击"图层"调板中"图层 1"的缩略

图，载入当前图层中图像形状的选区。单击"选择"|"变换选区"命令，在周围的控制柄上按住鼠标左键并拖动鼠标，对选区进行变形，按【Enter】键确认操作，效果如图 11-51 所示。

图 11-46　调整图像

图 11-47　变形图像

图 11-48　置入并变换侧面图像

图 11-49　绘制路径

图 11-50　填充并取消选区

图 11-51　变换选区

　　（11）选择"图层 4"，选取渐变工具，在图像选区中从上向下拖曳鼠标，为选区填充黄色（RGB颜色参考值分别为 254、228、26）到白色的线性渐变，并取消选区，效果如图 11-52 所示。

　　（12）在"图层"调板中，设置"图层 4"的"混合模式"为"变暗"、"不透明度"为

75%。载入"图层 1"中图像形状的选区，单击"选择"|"反向"命令反选选区，按【Delete】键删除选区内的图像，效果如图 11-53 所示。单击"选择"|"取消选择"命令，取消选区。

图 11-52 填充并取消选区

图 11-53 删除图像

（13）新建"图层 5"，使用钢笔工具绘制一条开放的曲线路径，效果如图 11-54 所示。

（14）选取画笔工具，在其属性栏中设置"主直径"为 12 像素、"硬度"为 0%。单击"路径"调板底部的"用画笔描边路径"按钮，描边路径，在"路径"调板中的灰色空白处单击鼠标左键，隐藏路径，效果如图 11-55 所示。

图 11-54 绘制开放式路径

图 11-55 描边路径

（15）单击"图层"|"复制图层"命令，复制"图层 5"，得到"图层 5 副本"图层。选取移动工具，调整"图层 5 副本"图层中图像的位置。单击"图层"|"排列"|"置为底层"命令，将"图层 5 副本"移动至"背景"图层上方，效果如图 11-56 所示。

（16）选取加深工具，在"图层"调板中单击"图层 5"，并在图像中需要加深的位置单击鼠标左键，加深图像，效果如图 11-57 所示。

（17）新建"图层 6"，选取多边形套索工具，创建一个多边形选区，如图 11-58 所示。

（18）单击"选择"|"修改"|"羽化"命令，在弹出的"羽化选区"对话框中设置"羽化半径"为 10 像素，单击"确定"按钮，羽化选区，效果如图 11-59 所示。

图 11-56　复制图像并移至合适的位置

图 11-57　加深图像

图 11-58　创建多边形选区

图 11-59　羽化选区

（19）选取渐变工具，为选区填充前景色到背景色的线性渐变，设置该图层的"不透明度"为 59%，并调整图层顺序。选择除"背景"图层以外的所有图层，单击"图层"｜"合并图层"命令，合并图层，并将合并后的图层命名为"图层 1"。取消选区，效果如图 11-60 所示，至此，时尚服饰包装制作完成。

读者可以在该实例的基础上，对制作的最终效果进行复制，并调整图像的颜色，制作出服饰包装的综合效果，如图 11-61 所示。

图 11-60　最终效果

图 11-61　综合效果

11.3　包装设计——美容霜包装 ⊙

本节制作美容霜包装效果图。

11.3.1　预览实例效果

本实例设计的是一个美容霜包装，在设计色彩上主要采用白色、淡紫色等，从而体现出美容类产品包装的淡雅、洁净、大方，实例效果如图 11-62 所示。

图 11-62　美容霜包装

11.3.2　制作美容霜包装平面效果

制作美容霜包装平面效果的具体操作步骤如下：

（1）单击"文件"|"新建"命令，新建一幅"宽度"和"高度"分别为 14.69 厘米和 13.21 厘米、"分辨率"为 200 像素/英寸、"背景内容"为"白色"的 RGB 模式的图像。

（2）选取渐变工具，单击其属性栏中的"线性渐变"按钮，并单击"点按可编辑渐变"色块，弹出"渐变编辑器"窗口，在"预设"选项区中选择"黑色、白色"选项，设置其下方右侧色标的颜色为灰色（RGB 颜色参考值分别为 169、167、167），单击"确定"按钮，将其设置为当前渐变色。

（3）在图像窗口中从上至下拖曳鼠标，为"背景"图层填充所设置的渐变颜色。按【Ctrl+R】组合键，显示标尺，移动鼠标指针至标尺上，按住鼠标左键并拖动鼠标，添加辅助线，效果如图 11-63 所示。

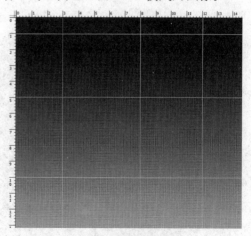

图 11-63　添加辅助线

（4）设置前景色为白色，单击"图层"|"新建"|"图层"命令，新建"图层 1"。选取矩形选框工具，在图像窗口中绘制一个矩形选区，按【Alt＋Delete】组合键，为选区填充前

景色。单击"选择"|"取消选择"命令，取消选区，效果如图 11-64 所示。

（5）设置前景色为黄色（RGB 颜色参考值分别为 192、162、100），单击"图层"|"新建"|"图层"命令，新建"图层 2"。使用矩形选框工具绘制一个矩形选区，并按【Alt＋Delete】组合键，为选区填充前景色，单击"选择"|"取消选择"命令，取消选区，效果如图 11-65 所示。

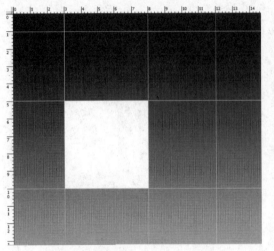

图 11-64 绘制矩形并填充前景色   图 11-65 绘制黄色矩形

（6）用同样的方法，设置前景色为浅紫色（RGB 颜色参考值分别为 187、180、214），单击"图层"|"新建"|"图层"命令，新建"图层 3"。使用矩形选框工具，绘制一个矩形选区，按【Alt＋Delete】组合键，为选区填充前景色。单击"选择"|"取消选择"命令，取消选区，效果如图 11-66 所示。

（7）拖曳"图层 3"至"图层"调板底部的"创建新图层"按钮上，复制出"图层 3 副本"图层，按【Ctrl＋T】组合键，调整图像的大小，然后移动图像至合适位置，效果如图 11-67 所示。

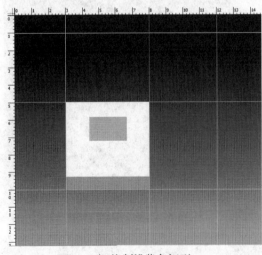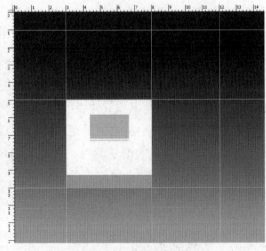

图 11-66 绘制浅紫色矩形   图 11-67 复制并变换图像

（8）拖曳"图层 3 副本"图层至"图层"调板底部的"创建新图层"按钮上，复制出"图层 3 副本 2"图层，选取移动工具，调整该图像的位置，效果如图 11-68 所示。

（9）拖曳"图层 3"至"图层"调板底部的"创建新图层"按钮上，复制出"图层 3 副本 3"图层，按【Ctrl＋T】组合键，调整图像的大小。按住【Ctrl】键，单击"图层 3 副本 3"的"图层缩览图"，载入该图层中图像形状的选区，设置前景色为白色，按【Alt＋Delete】组合键，为选区填充前景色，按【Ctrl＋D】组合键，取消选区，效果如图 11-69 所示。

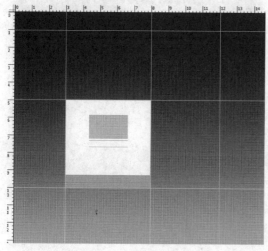

图 11-68　复制并移动图像　　　　　　图 11-69　复制、变换并填充图像

（10）拖曳"图层 3 副本"图层至"图层"调板底部的"创建新图层"按钮上，复制出"图层 3 副本 4"图层，按【Ctrl＋T】组合键调整图像的大小，效果如图 11-70 所示。

（11）选择"图层"调板中最上方的图层，单击"图层"|"新建"|"图层"命令，新建"图层 4"。选取矩形选框工具，在图像窗口中绘制一个矩形选区，并按【Alt＋Delete】组合键为选区填充前景色，单击"选择"|"取消选择"命令，取消选区，效果如图 11-71 所示。

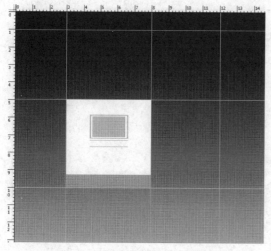
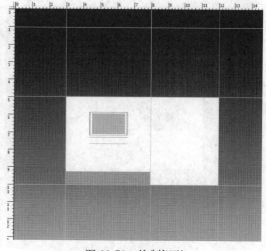

图 11-70　复制并调整其他图像　　　　　　图 11-71　绘制矩形

（12）拖曳"图层 2"至"图层"调板底部的"创建新图层"按钮上，复制出"图层 2

副本"图层。在"图层"调板中移动"图层 2 副本"图层至所有图层的上方，按【Ctrl＋T】组合键调整图像的大小及位置，效果如图 11-72 所示。

　　（13）设置前景色为白色，在所有图层的上方新建"图层 5"。使用矩形选框工具绘制一个矩形选区，并按【Alt＋Delete】组合键在选区中填充前景色，单击"选择"|"取消选择"命令取消选区，效果如图 11-73 所示。

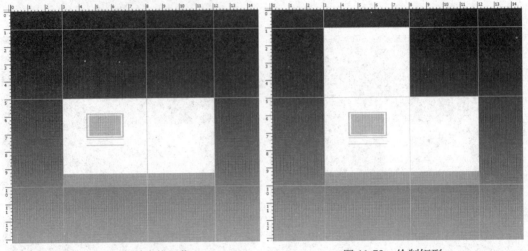

图 11-72　复制并变换图像　　　　　　　　图 11-73　绘制矩形

　　（14）选取椭圆工具，单击其属性栏中的路径按钮，在图像窗口中的适当位置绘制一条椭圆形路径，效果如图 11-74 所示。

　　（15）设置前景色为浅紫色（RGB 颜色参考值分别为 187、180、214），单击"图层"|"新建"|"图层"命令，新建"图层 6"。按【Ctrl＋Enter】组合键，将当前路径转换为选区，按【Alt＋Delete】组合键，为其填充前景色，单击"选择"|"取消选择"命令取消选区，效果如图 11-75 所示。

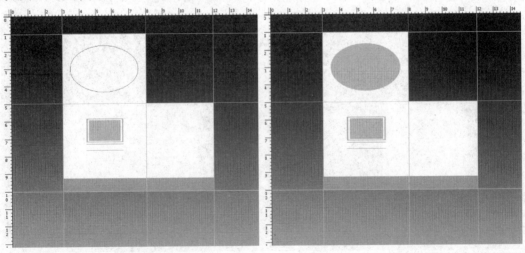

图 11-74　绘制椭圆形路径　　　　　　　　图 11-75　填充并取消选区

　　（16）选取自定形状工具，在其属性栏中单击"形状"选项右侧的下拉按钮，在弹出的

"自定形状"选取器中单击右侧的 按钮,在弹出的下拉菜单中选择 Web 选项,并在弹出的提示信息框中单击"追加"按钮,载入形状。选择刚刚载入的形状,在图像窗口中拖曳鼠标绘制图形,效果如图 11-76 所示。

(17)设置前景色为白色,并在"图层"调板中新建"图层 7"。按【Ctrl+Enter】组合键,将当前路径转换为选区,按【Alt+Delete】组合键,为选区填充前景色,单击"选择"|"取消选择"命令取消选区,效果如图 11-77 所示。

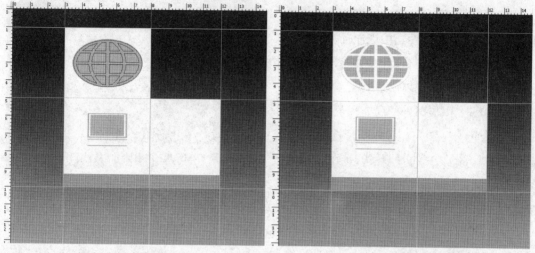

图 11-76 绘制自定形状   图 11-77 填充颜色并取消选区

(18)单击"窗口"|"字符"命令,打开"字符"调板,在"字符"调板中设置字体为"方正粗圆简体"、字号为 13.57 点、字距为 100、颜色为白色,选取横排文字工具,在图像窗口中的合适位置输入文字,效果如图 11-78 所示。

(19)用同样的方法输入其他所需的文字,并设置字体、字号、字距及颜色,效果如图11-79 所示。

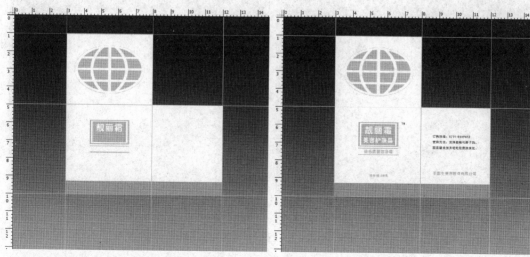

图 11-78 输入文字   图 11-79 输入其他文字

11.3.3 制作美容霜包装立体效果

制作美容霜包装立体效果的具体操作步骤如下：

（1）单击"文件"|"新建"命令，新建一幅"宽度"和"高度"分别为 14.69 厘米和 13.21 厘米、"分辨率"为 200 像素/英寸、"背景内容"为"白色"的 RGB 模式的图像。

（2）设置前景色为黑色，按【Alt＋Delete】组合键，在"背景"图层中填充前景色。

（3）切换至上一节制作的美容霜包装平面效果图像窗口中，按住【Ctrl】键的同时，选中除"背景"图层以外的所有图层，按【Ctrl ＋E】组合键合并图层。选取矩形选框工具，绘制一个矩形选区，如图 11-80 所示。按【Ctrl

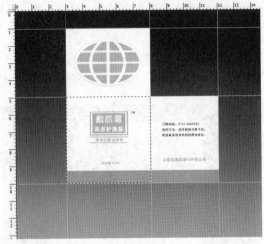

图 11-80 合并图层并创建矩形选区

＋J】组合键，复制选区内的图像至新图层中，按【V】键选择移动工具，将复制的图层拖曳到美容霜立体包装图像文件中。

（4）按【Ctrl＋T】组合键，移入的图像周围将出现控制柄，在该图像上单击鼠标右键，在弹出的快捷菜单中选择"扭曲"选项，然后移动鼠标指针至控制柄上，按住鼠标左键并拖动鼠标，对图像进行调整，按【Enter】键确认操作，效果如图 11-81 所示。

（5）用同样的方法，制作美容霜立体包装其他两个侧面的效果，其中右侧的图像放置在"图层 2"中，上侧的图像放置在"图层 3"中，效果如图 11-82 所示。

图 11-81 变换图像

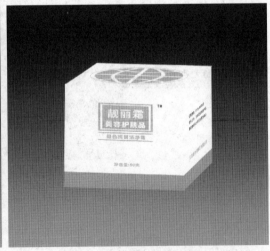

图 11-82 制作包装侧面的效果

（6）在"图层"调板中新建"图层 4"，按住【Ctrl】键的同时单击"图层 2"，载入相应的选区，如图 11-83 所示。

（7）选取渐变工具，在其属性栏中单击"点按可编辑渐变"色块，弹出"渐变编辑器"

窗口，在"预设"选项区中选择"黑色、白色"选项，并设置右侧的色标颜色为灰色（RGB颜色参考值分别为 169、158、159）。在选区内从左下角向右上角拖曳鼠标，为选区填充渐变颜色，如图 11-84 所示。单击"选择"|"取消选择"命令取消选区，并在"图层"调板中设置该图层的"不透明度"为 20%，从而为图层添加背光阴影。

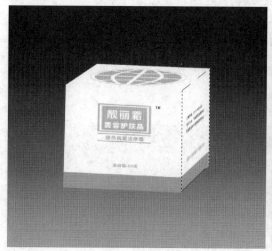
图 11-83　载入选区

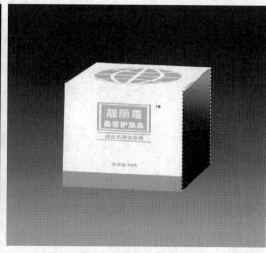
图 11-84　渐变填充选区

　　（8）在"图层 3"的上方新建"图层 5"，用同样的方法，载入选区并渐变填充选区，设置该图层的"不透明度"为 35%，效果如图 11-85 所示。至此，美容霜包装制作完成。

　　读者可以在该实例的基础上，对最终效果图进行修饰、复制并添加投影效果，从而制作出多个美容霜包装的综合效果，如图 11-86 所示。

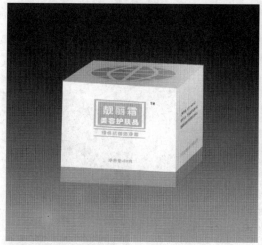
图 11-85　制作的阴影效果

图 11-86　综合效果

第 *12* 章 产品造型设计

产品造型设计属于企业形象识别系统，它可以将企业经营理念与精神文化传达给企业内部人员与社会大众，并使消费者对企业及其产品产生认同感，以便于树立良好的企业形象和达到促销产品的目的。因此，在进行产品造型设计和策划设计时，必须把握其统一性、差异性、民族性和有效性等基本原则，这样才能正确、有效地树立企业形象。本章将通过 3 个实例，详细介绍产品造型设计的创意、技巧及制作流程。

12.1 产品造型设计——紫砂茶杯

本节制作紫砂茶杯图形。

12.1.1 预览实例效果

本实例设计的是一款紫砂茶杯，产品设计理念是时尚、精美，以"质"感取胜，因此，以深红色和深黄色为设计主色调，突出产品的质感与高贵，实例效果如图 12-1 所示。

图 12-1 紫砂茶杯

12.1.2 制作紫砂茶杯杯口效果

制作紫砂茶杯杯口效果的具体操作步骤如下：

（1）单击"文件"|"新建"命令，新建一个"宽度"和"高度"分别为 6.77 厘米和 5.42 厘米、"分辨率"为 300 像素/英寸、"背景内容"为"白色"的 RGB 模式的图像文件。

（2）设置前景色为深红色（RGB 颜色参考值分别为 95、48、42），单击"编辑"|"填充"命令，在图像窗口中填充前景色，效果如图 12-2 所示。

（3）选取椭圆选框工具，在图像编辑窗口的适当位置绘制一个椭圆形选区，效果如图 12-3 所示。

（4）设置前景色为浅黄色（RGB 颜色参考值分别为 249、242、

图 12-2 填充图像

图 12-3 绘制选区

227)，新建"图层 1"，单击"编辑"|"填充"命令，为选区填充前景色，效果如图 12-4 所示。

（5）单击"选择"|"变换选区"命令，变换选区的大小，按【Enter】键确认变换，得到调整后的选区，效果如图 12-5 所示。

（6）设置前景色为淡黄色（RGB 颜色参考值分别为 251、249、245），新建"图层 2"，单击"编辑"|"填充"命令，为选区填充前景色。单击"选择"|"取消选择"命令，取消选区，效果如图 12-6 所示。

图 12-4　填充选区　　　　图 12-5　调整选区　　　　图 12-6　填充并取消选区

（7）单击"图层"调板底部的"添加图层样式"按钮，在弹出的下拉菜单中选择"斜面和浮雕"选项，弹出"图层样式"对话框，从中设置所需的参数，如图 12-7 所示。其中，"阴影模式"下拉列表框右侧的颜色色块设置为浅黄色（RGB 颜色参考值分别为 208、189、149）。

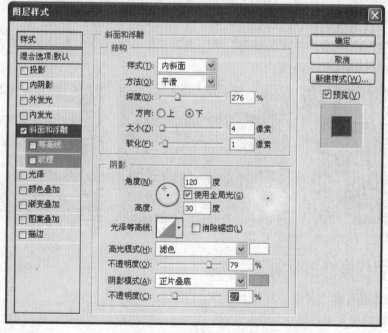

图 12-7　"图层样式"对话框

（8）单击"确定"按钮，应用图层样式，效果如图 12-8 所示。

（9）选取加深工具，在其属性栏中设置"曝光度"为 80%，选择"图层 1"，对需要加深的部分进行加深处理，效果如图 12-9 所示。

（10）选取椭圆选框工具，在图像窗口中创建一个椭圆形选区。单击"选择"|"变换选区"命令，旋转选区并按【Enter】键确认变换，效果如图 12-10 所示。

图 12-8　添加图层样式效果

图 12-9　加深图像

图 12-10　创建选区

（11）按住【Shift+Alt+Ctrl】组合键，单击"图层 2"前面的缩略图，得到载入的选区与原选区的相交部分，单击"选择"|"修改"|"羽化"命令，弹出"羽化选区"对话框，从中设置"羽化半径"为 5px，单击"确定"按钮，羽化选区。

（12）新建"图层 3"并使其位于所有图层的上方，设置前景色为黄灰色（RGB 颜色参考值分别为 203、194、177），单击"编辑"|"填充"命令为选区填充前景色。单击"选择"|"取消选择"命令取消选区，效果如图 12-11 所示。

（13）选取减淡工具，在图像窗口中的适当位置进行涂抹，效果如图 12-12 所示。

（14）单击"图层"|"复制图层"命令复制当前图层，单击"编辑"|"变换"|"缩放"命令，复制图层中图像的周围将出现控制柄，在该图像上单击鼠标右键，在弹出的快捷菜单中选择"水平翻转"选项，并适当调整复制图像的角度，按【Enter】键确认变换。复制并翻转图像后的效果如图 12-13 所示。

图 12-11　填充并取消选区

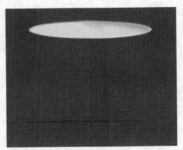

图 12-12　减淡图像

图 12-13　复制并翻转图像

12.1.3　制作紫砂茶杯杯身效果

制作紫砂茶杯杯身效果的具体操作步骤如下：

（1）选取钢笔工具，在其属性栏中单击"路径"按钮，并在图像中的适当位置绘制一条闭合的茶杯杯身路径，效果如图 12-14 所示。

（2）单击"窗口"|"路径"命令，打开"路径"调板，单击该调板底部的"将路径作为选区载入"按钮，将路径转换为选区，如图 12-15 所示。

（3）新建"图层 4"，设置前景色为深黑红（RGB 颜色参考值分别为 69、29、30）、背

景色为深红色（RGB 颜色参考值分别为 177、76、39）。选取渐变工具，单击其属性栏中的"点按可编辑渐变"色块，弹出"渐变编辑器"窗口，在"预设"选项区中选择"前景到背景"选项，并在图像窗口中从左下角向右上角拖曳鼠标，渐变填充选区。单击"选择"|"取消选择"命令取消选区，效果如图 12-16 所示。

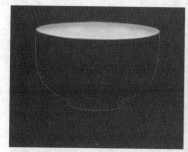
图 12-14　绘制路径

图 12-15　将路径转换为选区

图 12-16　填充并取消选区

（4）选取钢笔工具，在图像窗口中绘制一条闭合的曲线路径，如图 12-17 所示。

（5）单击"路径"调板底部的"将路径作为选区载入"按钮，将当前路径转换为选区。在按住【Alt＋Ctrl＋Shift】组合键的同时，单击"图层 4"前面的缩略图，得到原选区与新载入选区相交后的选区。单击"图层"|"新建"|"通过剪切的图层"命令，剪切选区中的图像到新图层中，此时图层调板将自动创建"图层 5"。

（6）按住【Ctrl】键的同时单击"图层 5"前面的缩略图，得到"图层 5"的选区，单击"选择"|"修改"|"羽化"命令，弹出"羽化选区"对话框，从中设置"羽化半径"为 5，单击"确定"按钮，羽化该选区。

（7）新建"图层 6"，选取渐变工具，单击其属性栏中的"点按可编辑渐变"色块，弹出"渐变编辑器"窗口，在"预设"选区中选择"前景到背景"选项，并在图像窗口中的选区内按住鼠标左键并从上向下拖动鼠标，渐变填充选区。单击"选择"|"取消选择"命令取消选区，效果如图 12-18 所示。

（8）选择"图层 4"，选取加深工具，在图像中需要加深的部分进行涂抹，效果如图 12-19 所示。

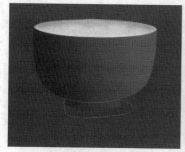

图 12-17　绘制路径

图 12-18　填充并取消选区

图 12-19　加深图像

（9）选择"图层 5"，单击"图层"调板底部的"添加图层样式"按钮 _fx_，在弹出的下拉菜单中选择"斜面和浮雕"选项，弹出"图层样式"对话框，从中设置各参数，如图 12-20

所示。在"图层样式"对话框左侧的列表中选择"纹理"选项，并在右侧的"纹理"选项区中设置"图案"为"金属画"、"缩放"为 1 000、"深度"为-71。

(10) 单击"确定"按钮，应用纹理样式，效果如图 12-21 所示。

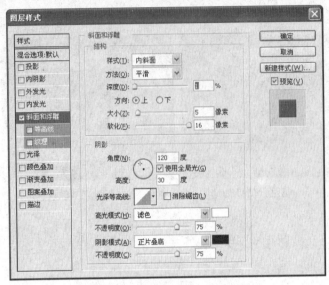

图 12-20 "图层样式"对话框 图 12-21 为图像添加纹理效果

12.1.4 制作茶杯倒影效果

制作茶杯倒影效果的具体操作步骤如下：

(1) 选择除"背景"图层以外的所有图层，单击"图层"|"合并图层"命令合并图层，并将合并后的图层重命名为"图层 1"。选择"背景"图层，按【D】键恢复默认的前景色和背景色。选取渐变工具，在其属性栏中单击"点按可编辑渐变"色块右侧的下拉按钮，弹出"渐变"选取器，从中选择"前景到背景"选项，在图像编辑窗口的上方按住鼠标左键并向下拖动鼠标，至合适位置后释放鼠标，渐变填充"背景"图层，效果如图 12-22 所示。

(2) 选择"图层 1"，单击"图层"|"复制图层"命令，复制"图层 1"，得到"图层 1 副本"图层，单击"编辑"|"变换"|"垂直翻转"命令，垂直翻转复制图层中的图像，效果如图 12-23 所示。

(3) 选取移动工具，移动"图层 1 副本"图层中的图像至合适位置，并在"图层"调板中移动"图层 1 副本"图层至"图层 1"的下方，效果如图 12-24 所示。

图 12-22 填充渐变色 图 12-23 复制并垂直翻转图像 图 12-24 调整图层顺序

(4) 单击"图层"调板底部的"添加图层蒙版"按钮 ，为"图层 1 副本"图层添加蒙版。选取渐变工具，单击"点按可编辑渐变"色块，弹出"渐变编辑器"窗口，从中选择"前景到背景"选项，在图像窗口中的翻转图像上从上至下拖曳鼠标，设置该图层的"不透明度"为 46%，效果如图 12-25 所示。至此，紫砂茶杯制作完成。

读者可以利用制作的紫砂茶杯，以及随书附带光盘中的素材图像，制作出茶壶与茶杯的综合效果，如图 12-26 所示。

图 12-25 添加蒙版并降低图像不透明度

图 12-26 综合效果

12.2 产品造型设计——液晶显示器

本节制作液晶显示器效果图。

12.2.1 预览实例效果

本实例设计的是一款独特的液晶显示器，其以黄色和深黄色为主色调，从而使其整体颜色高雅、尊贵，对比度强、清晰度高；另外，配以智能化的感应按钮，集科技与艺术于一体，从而给消费者留下深刻印象，并激起消费者的购买欲望，实例效果如图 12-27 所示。

图 12-27 液晶显示器

12.2.2 制作显示器屏幕

绘制显示器屏幕的具体操作步骤如下：

（1）单击"文件"｜"新建"命令，新建一个"宽度"和"高度"分别为 1 000 像素和 800 像素、"分辨率"为 150 像素/英寸、"背景内容"为"白色"的 RGB 模式的图像文件。

（2）选取渐变工具，在其属性栏中单击"点按可编辑渐变"色块，弹出"渐变编辑器"窗口，从中设置 0%位置和 41%位置色标的颜色为白色、53%位置色标的颜色为暗橙色（RGB 颜色参考值分别为 150、117、16）、59%位置色标的颜色为浅橙色（RGB 颜色参考值分别为 216、159、0）、77%位置色标的颜色为白色，如图 12-28 所示。单击"确定"按钮，将其设置为当前渐变色。

图 12-28　"渐变编辑器"窗口

（3）单击属性栏中的"线性渐变"按钮，在图像窗口中按住鼠标左键从上至下拖动鼠标，渐变填充"背景"图层，效果如图 12-29 所示。

（4）选取矩形选框工具，在图像窗口中拖曳鼠标，绘制矩形选区，效果如图 12-30 所示。

（5）新建"图层 1"，设置前景色为浅黄色（RGB 颜色参考值分别为 229、221、185）、背景色为深黄色（RGB 颜色参考值分别为 135、102、7）。选取渐变工具，单击其属性栏中的"点按可编辑渐变"色块，弹出"渐变编辑器"窗口，从中选择"前景到背景"选项，单击"确定"按钮，在图像窗口上方按住鼠标左键并向下拖动鼠标，至合适位置释放鼠标，渐变填充矩形选区，效果如图 12-31 所示。

图 12-29　渐变填充"背景"图层　　　图 12-30　创建选区　　　图 12-31　渐变填充选区

（6）单击"滤镜"｜"杂色"｜"添加杂色"命令，弹出"添加杂色"对话框，设置"数量"为 7，并选中"单色"复选框，单击"确定"按钮，为选区中的图像添加杂色，效果如图 12-32 所示。

（7）单击"选择"｜"变换选区"命令，在按住【Shift＋Alt】组合键的同时，在选区四个角的任意控制柄上按住鼠标左键并拖动鼠标，至适当位置后释放鼠标，按【Enter】键确认操作，得到变换后的选区，效果如图 12-33 所示。

（8）单击"图层"｜"新建"｜"通过拷贝的图层"命令，拷贝选区中的图像到新图层，此时"图层"调板中将自动创建"图层 2"。选取直线工具，在其属性栏中设置"粗细"为 10px。按住【Shift】键的同时，绘制一条直线路径，效果如图 12-34 所示。

（9）单击"窗口"｜"路径"命令，打开"路径"调板，单击该调板底部的"将路径作

为选区载入"按钮，将当前路径转换为选区。单击"选择"|"修改"|"羽化"命令，弹出"羽化选区"对话框，从中设置"羽化半径"为3，单击"确定"按钮，得到羽化选区后的图像，效果如图 12-35 所示。

（10）设置前景色为白色，并新建"图层 3"。单击"编辑"|"填充"命令，为选区填充前景色。在"图层"调板中设置该图层的"不透明度"为 60%，单击"选择"|"取消选择"命令取消选区，效果如图 12-36 所示。

（11）用同样的方法，新建"图层 4"，并在图像窗口中的适当位置绘制另一个半透明图像，效果如图 12-37 所示。

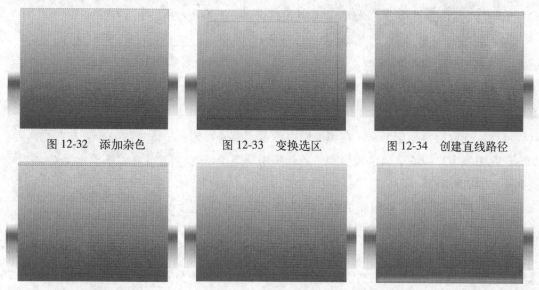

图 12-32　添加杂色　　　　图 12-33　变换选区　　　　图 12-34　创建直线路径

图 12-35　转换并羽化选区　　图 12-36　填充选区　　　　图 12-37　绘制图像

（12）单击"文件"|"打开"命令，打开一幅素材图像，如图 12-38 所示。

（13）选取移动工具，将素材图像移至液晶显示器图像文件中，此时，"图层"调板中将自动创建"图层 5"。将素材图像放至合适位置，单击"编辑"|"变换"|"缩放"命令，将其调整至合适大小后按【Enter】键确认变换。在按住【Ctrl】键的同时，单击"图层 2"前面的缩略图，载入"图层 2"中形状的选区。

图 12-38　打开的素材图像

（14）选择"图层 5"，单击"图层"调板底部的"添加图层蒙版"按钮，为"图层 5"添加图层蒙版，效果如图 12-39 所示。

（15）在"图层"调板中"图层 5"右侧的图层蒙版缩略图上单击鼠标右键，在弹出的快捷菜单中选择"应用图层蒙版"选项，应用图层蒙版。

（16）单击"图层"调板底部的"添加图层样式"下拉按钮，在弹出的下拉菜单中选择"斜面和浮雕"选项，弹出"图层样式"对话框，从中设置各参数，如图 12-40 所示。

图 12-39　添加图层蒙版

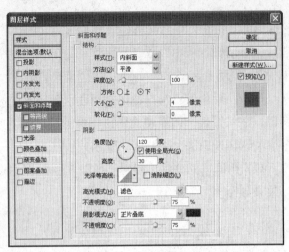

图 12-40　"图层样式"对话框

（17）单击"确定"按钮，为"图层 5"添加斜面和浮雕效果，如图 12-41 所示。

（18）选取圆角矩形工具，在属性栏中设置"半径"为 20px，在图像窗口中的适当位置绘制一条圆角矩形路径，效果如图 12-42 所示。

（19）单击"路径"调板底部的"将路径作为选区载入"按钮，将路径转换为选区。选取渐变工具，单击属性栏中的

图 12-41　添加斜面和浮雕效果

"点按可编辑渐变"色块，弹出"渐变编辑器"窗口，在"预设"选项区中选择"黑色、白色"选项，并设置色标颜色从左到右依次为浅黄色（RGB 颜色参考值分别为 248、238、219）和暗黄色（RGB 颜色参考值分别为 202、188、140），单击"确定"按钮，将其设为当前渐变色，在图像窗口中按住鼠标左键并向右拖动鼠标，渐变填充选区。

（20）单击"编辑"｜"描边"命令，弹出"描边"对话框，从中设置"宽度"为 1px，"颜色"为深黄色（RGB 颜色参考值分别为 157、145、106），"位置"为"居外"，单击"确定"按钮，为图像添加描边效果。单击"选择"｜"取消选择"命令取消选区，效果如图 12-43 所示。

（21）选取圆角矩形工具，在其属性栏中设置"半径"为 20px，在图像窗口中的适当位置绘制一条圆角矩形路径，效果如图 12-44 所示。单击"图层"｜"新建"｜"图层"命令，新建"图层 6"。

图 12-42　绘制圆角矩形路径

图 12-43　描边选区

图 12-44　绘制圆角矩形路径

（22）单击"路径"调板底部的"将路径作为选区载入"按钮，将当前路径转换为选区。

选取渐变工具，单击其属性栏中的"点按可编辑渐变"色块，弹出"渐变编辑器"窗口，在"预设"选项区中选择"橙色、黄色、橙色"选项，并设置色标颜色从左到右依次为浅黄色（RGB 颜色参考值分别为 248、238、219）、暗黄色（RGB 颜色参考值分别为 202、188、140）和浅黄色（RGB 颜色参考值分别为 248、238、219），单击"确定"按钮，将其设为当前渐变色。

（23）在图像窗口中的选区内，按住鼠标左键并从上向下拖动鼠标，用渐变色填充选区。单击"选择"|"取消选择"命令取消选区，效果如图 12-45 所示。

（24）单击"图层"|"复制图层"命令 5 次，得到 5 个"图层 6"的副本。使用移动工具，移动各图层中的图像至合适位置，选择"图层 6 副本 5"图层，在按住【Shift】键的同时单击"图层 6"，选中这两个图层及其中间所有的图层，单击"图层"|"合并图层"命令合并选中的图层。

（25）单击"编辑"|"变换"|"缩放"命令，缩小图像，效果如图 12-46 所示。

（26）用同样的方法，新建"图层 6"，并在图像中绘制一个正圆形图像，效果如图 12-47 所示。

图 12-45 填充并取消选区　　　图 12-46 缩小图像　　　图 12-47 绘制正圆形图像

12.2.3 制作液晶显示器立体效果

制作液晶显示器立体效果的具体操作步骤如下：

（1）选择除"背景"图层以外的所有图层，单击"图层"|"合并图层"命令合并图层，并将其重命名为"图层 1"。

（2）单击"编辑"|"变换"|"扭曲"命令扭曲图像，效果如图 12-48 所示。

（3）选取矩形工具，在图像中绘制一条矩形路径，效果如图 12-49 所示。

（4）单击"编辑"|"自由变换路径"命令，在矩形路径上单击鼠标右键，并在弹出的快捷菜单中选择"斜切"选项，调整当前路径的形状，效果如图 12-50 所示。

图 12-48 扭曲图像　　　图 12-49 创建矩形路径　　　图 12-50 变换路径

(5) 新建"图层 2"，并设置前景色为白色，单击"路径"调板底部的"用前景色填充路径"按钮，填充路径，效果如图 12-51 所示。

(6) 新建"图层 3"，单击"编辑"│"描边"命令，弹出"描边"对话框，从中设置"宽度"为 1px，"颜色"为暗黄色（RGB 颜色参考值分别为 150、117、17）、"位置"为"居中"，单击"确定"按钮，为路径描边，效果如图 12-52 所示。

(7) 新建"图层 4"，选取多边形套索工具，在图像窗口中的合适位置绘制一个三角形选区。单击"编辑"│"填充"命令，为选区填充前景色，单击"选择"│"取消选择"命令取消选区，效果如图 12-53 所示。

图 12-51 填充路径　　　　图 12-52 描边路径　　　　图 12-53 绘制图像

12.2.4 制作液晶显示器支架

绘制液晶显示器支架的具体操作步骤如下：

(1) 新建"图层 5"，选取钢笔工具，在图像中绘制一条闭合的曲线路径，效果如图 12-54 所示。

(2) 单击"路径"调板底部的"将路径作为选区载入"按钮，将当前路径转换为选区。选取渐变工具，单击其属性栏中的"点按可编辑渐变"色块，弹出"渐变编辑器"窗口，在"预设"选项区中选择"橙色、黄色、橙色"选项，并设置色标的颜色从左到右依次为橙灰色（RGB 颜色参考值分别为 175、152、81）、暗橙色（RGB 颜色参考值分别为 109、85、16）和深橙色（RGB 颜色参考值分别为 130、112、65），单击"确定"按钮，将其设为当前渐变色。

(3) 在图像窗口中的选区内按住鼠标左键从上往下拖动鼠标，渐变填充选区，效果如图 12-55 所示。

(4) 单击"滤镜"│"添加杂色"命令，在打开的对话框中设置"数量"为 7，单击"确定"按钮，为图像添加杂色。单击"选择"│"取消选择"命令取消选区，效果如图 12-56 所示。

图 12-54 绘制闭合的曲线路径　　　图 12-55 渐变填充选区　　　图 12-56 为图像添加杂色的效果

(5) 分别在加深工具和减淡工具的属性栏中单击"画笔"右侧的下拉按钮，在弹出的

"画笔预设"选取器中设置"主直径"为 10px，在图像窗口中的合适位置按住鼠标左键并拖动鼠标，对图像进行加深或减淡处理，效果如图 12-57 所示。

（6）用同样的方法，使用钢笔工具创建一条新路径，将路径转换为选区。新建"图层 6"，并为选区填充米黄白（RGB 颜色参考值分别为 227、219、194）到暗黄色（RGB 颜色参考值分别为 134、99、10）的渐变，效果如图 12-58 所示。

读者可以利用上面制作的实例，并配合素材图像，制作出液晶显示器与主机箱的综合效果，如图 12-59 所示。

图 12-57 加深或减淡图像

图 12-58 渐变填充选区

图 12-59 综合效果

12.3 产品造型设计——商务手机

本节将制作一个商务手机效果图。

12.3.1 预览实例效果

本实例设计的是一款超薄商务手机，该产品是以白色和灰色为主色调、别致的造型、超薄的立体设计、巧妙的按钮布置，使用户操作起来更加得心应手，实例效果如图 12-60 所示。

12.3.2 制作手机外形结构

绘制手机外形结构的具体操作步骤如下：

图 12-60 商务手机

（1）单击"文件"|"新建"命令，新建一个"宽度"和"高度"均为 15 厘米、"分辨率"为 200 像素/英寸、"背景内容"为"白色"的 RGB 模式的图像文件。

（2）选取圆角矩形工具，在其属性栏中单击"路径"按钮，并设置"半径"为 20px。在图像窗口中绘制一条圆角矩形路径，效果如图 12-61 所示。按【Ctrl＋Enter】组合键，将当前路径转换为选区。

（3）新建"图层 1"，选取渐变工具，在其属性栏中单击"线性渐变"按钮，并单击渐变色块，弹出"渐变编辑器"窗口，从中设置 0% 和 100% 位置色标的颜色均为灰色（RGB 颜色参考值均为 60）、40% 位置色标的颜色为白色，单击"确定"按钮，将其设为当前渐变色，在图像窗口中按住鼠标左键并从左向右拖动鼠标，渐变填充选区，单击"选择"|"取消选择"命令取消选区，效果如图 12-62 所示。

（4）选取圆角矩形工具，在属性栏中设置"半径"为 10px，并在图像窗口中绘制一条圆角矩形路径。新建"图层 2"，按【Ctrl＋Enter】组合键将路径转换为选区，并在选区中填充灰色（RGB 颜色参考值分别为 133、133、133），单击"选择"|"取消选择"命令取消选区，效果如图 12-63 所示。

图 12-61　创建圆角矩形路径　　图 12-62　填充渐变色　　图 12-63　"图层 2"中的灰色图像

（5）使用圆角矩形工具，在属性栏中设置"半径"为 18px，绘制一条圆角矩形路径，按【Ctrl＋Enter】组合键，将路径转换为选区。新建"图层 3"，选取渐变工具，单击其属性栏中的"点按可编辑渐变"色块，然后在弹出的"渐变编辑器"窗口中，设置 0%和 60%位置处色标的颜色为白色、100%位置处色标的颜色为灰色（RGB 颜色参考值分别为 115、115、115），单击"确定"按钮，将其设置为当前渐变色。在图像窗口中拖曳鼠标，为选区填充渐变色，效果如图 12-64 所示。

（6）选取圆角矩形工具，并在其属性栏中设置"半径"为 40px，然后在图像窗口中的适当位置绘制一条圆角矩形路径，效果如图 12-65 所示。

（7）新建"图层 4"，按【Ctrl＋Enter】组合键，将路径转换为选区，设置前景色为灰色（RGB 颜色参考值分别为 151、151、151），单击"编辑"|"填充"命令，为选区填充前景色，单击"选择"|"取消选择"命令取消选区，效果如图 12-66 所示。

图 12-64　"图层 3"中的渐变图像　　图 12-65　创建圆角矩形路径　　图 12-66　填充选区

（8）复制两个"图层 4"的副本，填充两个图层副本中图像的颜色分别为白色和灰色

（RGB 颜色参考值分别为 194、194、194），并调整图像的大小，效果如图 12-67 所示。

　　（9）选取圆角矩形工具，设置"半径"为 10px，绘制一条圆角矩形路径，新建"图层 5"，填充路径为灰色（RGB 颜色参考值分别为 211、211、211），单击"路径"调板中的灰色空白处，隐藏路径，效果如图 12-68 所示。

　　（10）在图像窗口中绘制一个圆角矩形，设置"半径"为 20px，新建"图层 6"，在该圆角矩形路径中填充深灰色（RGB 颜色参考值分别为 137、137、137），效果如图 12-69 所示。

图 12-67　绘制多个图像

图 12-68　绘制圆角矩形

图 12-69　绘制圆角矩形

　　（11）复制"图层 6"，调整图像的大小。按住【Ctrl】键的同时单击"图层 6 副本"图层前面的缩略图，载入该图层中图像的选区，从中填充灰色（RGB 颜色参考值均为 177）、白色和灰色（RGB 参考值均为 177）的渐变，效果如图 12-70 所示。

　　（12）新建"图层 7"，选取圆角矩形工具，设置"半径"为 10px，在图像窗口的适当位置绘制一个圆角矩形，并按【Ctrl＋Enter】组合键，将路径转换为选区。设置前景色为浅灰色（RGB 颜色参考值均为 211），单击"编辑"|"填充"命令为选区填充前景色。单击"选择"|"取消选择"命令取消选区，效果如图 12-71 所示。

　　（13）选取矩形选框工具，在图像窗口的适当位置创建一个矩形选区，按【Delete】键，删除选区中的图像，效果如图 12-72 所示。单击"选择"|"取消选择"命令，取消选区。

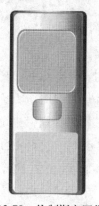
图 12-70　绘制渐变图像

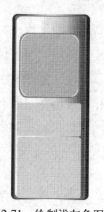
图 12-71　绘制浅灰色图像

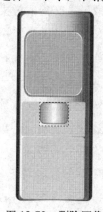
图 12-72　删除图像

　　（14）新建"图层 8"，设置前景色为灰色（RGB 颜色参考值均为 137），选取多边形套索工具，绘制两个多边形选区。单击"编辑"I"填充"命令，为选区填充前景色，单击"选择"I"取消选择"命令取消选区，效果如图 12-73 所示。

（15）新建"图层 9"，选取矩形选框工具，在图像窗口中绘制一个矩形选区，设置前景色为灰色（RGB 颜色参考值均为 137），单击"编辑"I"填充"命令为选区填充前景色。单击"选择"I"取消选择"命令取消选区，效果如图 12-74 所示。

（16）新建"图层 10"，使用矩形选框工具，按住【Shift】键的同时在图像窗口中的适当位置绘制两个矩形选区。设置前景色为灰色（RGB 颜色参考值均为 137），单击"编辑"I"填充"命令为选区填充前景色，单击"选择"I"取消选择"命令取消选区，效果如图 12-75 所示。

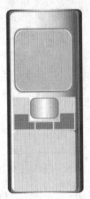
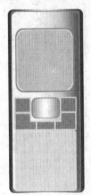

图 12-73　绘制图像　　　　图 12-74　绘制矩形　　　　图 12-75　绘制两个矩形

（17）用同样的方法，依次新建"图层 11"至"图层 13"，并在相应的图层上绘制出多个矩形图像，效果如图 12-76 所示。

（18）选择"图层 13"，在按住【Shift】键的同时选择"图层 8"，此时将选中这两个图层及其中间所有的图层，拖曳选中的图层至"图层"调板底部的"创建新图层"按钮上，复制图层。单击"图层"I"合并图层"命令，合并当前选中的图层并调整图像的大小。设置前景色为白色，载入合并后图像的选区，按【Alt＋Delete】组合键填充前景色，取消选区后的效果如图 12-77 所示。

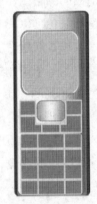

图 12-76　绘制多个矩形

（19）单击"图层"调板底部的"添加图层样式"按钮，在弹出的下拉菜单中选择"斜面和浮雕"选项，弹出"图层样式"对话框。在该对话框右侧的"阴影"选项区中，单击"光泽等高线"下拉列表框中的下拉按钮，在弹出的下拉列表中选择"半圆"选项；在该对话框左侧选择"渐变叠加"选项，切换至"渐变叠加"参数设置选项区，单击其中的渐变色块，在弹出的"渐变编辑器"窗口中设置 0%位置处色标的颜色为淡灰色（RGB 颜色参考值分别为 153、152、152）、59%位置处色标的颜色为灰色（RGB 颜色参考值分别为 131、126、126）、100%位置处色标的颜色为白色，单击"确定"按钮，返回"图层样式"对话框，从中设置"角度"为-150，单击"确定"按钮，为图像添加图层样式，效果如图 12-78 所示。

（20）设置前景色为黑色，选取椭圆选框工具，在图像编辑窗口的适当位置绘制一个椭

圆形选区。新建"图层 14",单击"编辑"|"填充"命令,为选区填充前景色,效果如图 12-79 所示。单击"选择"|"取消选择"命令,取消选区。

图 12-77 填充白色

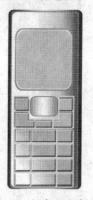
图 12-78 添加图层样式

图 12-79 绘制圆形图像

(21) 复制两个"图层 14"副本,分别调整两个图层副本中图像的大小,并依次填充灰色(RGB 颜色参考值分别为 196、194、194)和白色,效果如图 12-80 所示。

(22) 单击"文件"|"打开"命令,打开一幅素材图像,选取移动工具,将素材图像拖曳至商务手机图像文件中的合适位置,效果如图 12-81 所示。

(23) 选取自定形状工具,在属性栏中单击"形状"选项右侧的下拉按钮,弹出"自定形状"面板,单击其右侧的 ▶ 按钮,并在弹出的下拉菜单中选择 Web 选项,载入形状,选择"后退"形状,按住【Shift】键的同时在图像窗口中拖曳鼠标绘制该形状。新建"图层 16",设置前景色为黑色,在"路径"调板中单击"用前景色填充路径"按钮,填充当前路径,效果如图 12-82 所示。

图 12-80 绘制多个圆形图像

图 12-81 移入素材图像

图 12-82 绘制并填充路径

(24) 拖曳"图层 16"至"图层"调板底部的"创建新图层"按钮上,复制该图层并调整副本图层中图像的位置和角度,效果如图 12-83 所示。

(25) 用同样的方法复制两个图像,并调整图像的位置和角度,效果如图 12-84 所示。

(26) 单击"文件"|"打开"命令,打开两幅素材图像,选取移动工具,分别将两幅素材图像拖曳至商务手机图像文件中的合适位置,效果如图 12-85 所示。

图 12-83　复制图层　　　图 12-84　重复复制图层　　　图 12-85　放置素材图像

12.3.3　制作手机细节效果

制作手机细节效果的具体操作步骤如下：

（1）选取横排文字工具，在属性栏中设置字体为"方正粗圆简体"、字号为 13.87 点、文本颜色为黑色，在图像编辑窗口中的适当位置输入数字 1，按小键盘上的【Enter】键，确认文字的输入，效果如图 12-86 所示。

图 12-86　输入文字　图 12-87　输入其他数字和字符

（2）用同样的方法输入其他数字或字符，效果如图 12-87 所示。

（3）选择横排文字工具，并设置属性栏中的字号为 6.59 点。在图像编辑窗口中的合适位置输入英文 ABC，按小键盘上的【Enter】键确认文字的输入，效果如图 12-88 所示。

（4）用同样的方法输入其他英文字母，完成商务手机的制作，效果如图 12-89 所示。

读者可以参照以上实例，移入一幅素材图像作为手机的屏幕图像，从而制作时尚模特屏幕与手机的综合效果，如图 12-90 所示。

图 12-88　输入英文字母　　图 12-89　制作的商务手机效果　　图 12-90　综合效果

第13章　海报设计

海报具有信息传播及时、成本费用低、制作简单等优点，是现代流行的广告形式之一。本章将通过 3 个实例，详细介绍海报的制作流程。

13.1　海报设计——唇彩篇

本节制作一个有关唇彩的海报。

13.1.1　预览实例效果

本实例设计的是一款彩色唇膏卖场招贴，在设计色彩上采用了鲜明的紫红色为主色调，并使用女性模特图像作为素材，与唇膏图像一起为画面增添了时尚与产品推销元素，从而使海报整体构图整齐又不失生动活泼，再加上详细的文字介绍，使招贴格外抢眼，实例效果如图 13-1 所示。

图 13-1　彩色唇膏招贴

13.1.2　制作招贴背景效果

制作招贴背景效果的具体操作步骤如下：

（1）单击"文件"|"新建"命令，新建一幅"宽度"和"高度"分别为 25.43 厘米和 20 厘米、"分辨率"为 300 像素/英寸、"背景内容"为"白色"的 RGB 的模式图像文件。

（2）选取渐变工具，在属性栏中单击"径向渐变"按钮，并选中"反向"复选框。单击"点按可编辑渐变"色块，弹出"渐变编辑器"窗口，设置 0%位置和 78%位置处色标的颜色为紫红色（RGB 颜色参考值分别为 180、49、139）、100%位置处色标的颜色为浅紫红（RGB 颜色参考值分别为 253、115、211），如图 13-2 所示。单击"确定"按钮，将其设为当前渐变色。

（3）在图像窗口中拖曳鼠标（如图 13-3 所示），为"背景"图层填充渐变颜色。

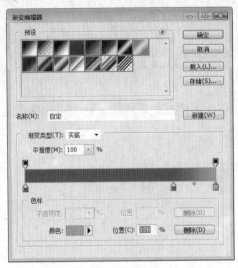

图 13-2 "渐变编辑器"窗口

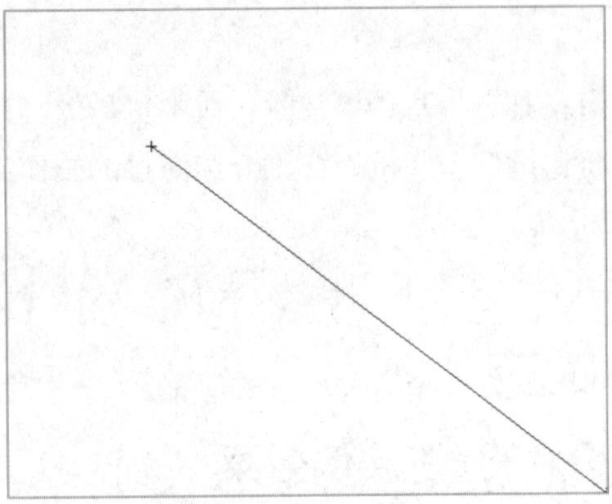

图 13-3 渐变填充

(4) 单击"文件"|"打开"命令，打开一幅素材图像，选取移动工具，将打开的素材图像拖曳至彩色唇膏招贴图像文件中，单击"编辑"|"变换"|"缩放"命令，调整该图像的大小及位置，效果如图 13-4 所示。

(5) 单击"图层"调板底部的"添加图层样式"按钮，在弹出的下拉菜单中选择"描边"选项，弹出"图层样式"对话框。从中设置"颜色"为黑色、"大小"为 21，单击"确定"按钮，效果如图 13-5 所示。

图 13-4 移入素材图像

图 13-5 描边图像

13.1.3 制作招贴细节效果

制作招贴细节效果的具体操作步骤如下：

(1) 设置前景色为褐色（RGB 颜色参考值分别为 146、70、63），选取矩形选框工具，在图像窗口中的合适位置上绘制一个矩形选区。新建"图层 2"，单击"编辑"|"填充"命令，在选区中填充前景色。单击"选择"|"取消选择"命令取消选区，效果如图 13-6 所示。

(2) 在"图层"调板中，设置当前图层的"混合模式"为"颜色加深"、"不透明度"为 60%，效果如图 13-7 所示。

图 13-6　绘制矩形并填充前景色　　　　　　图 13-7　设置图层混合效果

（3）在"图层"调板中，拖曳"图层 2"至"创建新图层"按钮上，复制"图层 2"，得到"图层 2 副本"。设置该图层的"不透明度"为 34%，选取移动工具，在图像窗口中调整该图像的位置，效果如图 13-8 所示。

（4）设置前景色为红色（RGB 颜色参考值分别为 230、0、18），单击"图层"|"新建"|"图层"命令，新建"图层 3"。选取矩形选框工具，在图像窗口中绘制一个矩形选区，并单击"编辑"|"填充"命令，为选区填充前景色，单击"选择"|"取消选择"命令取消选区，效果如图 13-9 所示。

图 13-8　复制图像并设置图层混合模式　　　　图 13-9　绘制矩形并填充前景色

（5）单击"文件"|"打开"命令，打开两幅唇膏素材图像，选取移动工具，将打开的素材图像依次拖至彩色唇膏招贴图像文件中，单击"编辑"|"变换"|"缩放"命令，调整图像的大小及位置，效果如图 13-10 所示。

（6）选取横排文字工具，单击"窗口"|"字符"命令，打开"字符"调板，从中设置字体为"方正超粗黑简体"、字号为 54.58 点、颜色为白色，在图像窗口中的合适位置单击鼠标并输入相应的文字，效果如图 13-11 所示。

（7）用同样的方法输入其他的文字，并设置其字体、字号和字距，如图 13-12 所示。

（8）使用横排文字工具，在图像窗口中的适当位置输入文字，并设置字体为"幼圆"、行距为 30 点，效果如图 13-13 所示。

图 13-10　移入素材图像

图 13-11　输入文字

图 13-12　输入其他文字

图 13-13　输入文字

(9) 使用横排文字工具,在图像窗口中输入文字"魅力魔女",并设置其字体为"宋体"、字号为 50.28 点、字距为 75,效果如图 13-14 所示。

(10) 选取移动工具,按【Ctrl＋T】组合键,此时文字四周出现控制柄,在图像上单击鼠标右键,并在弹出的快捷菜单中选择"旋转 90 度(逆时针)"选项,按【Enter】键确认操作,调整图像的位置,效果如图 13-15 所示。

图 13-14　输入文字

图 13-15　调整文字的角度和位置

(11) 用同样的方法,在图像窗口中输入其他所需的文字,并设置其字体、字号。按【Ctrl+T】

组合键，调整文字的角度及位置，效果如图 13-16 所示。

（12）单击"选择"｜"全部"命令，全选图像，单击"图层"｜"新建"｜"图层"命令，新建"图层 6"。单击"编辑"｜"描边"命令，弹出"描边"对话框，从中设置"颜色"为黑色、"宽度"为 35px，选中"内部"单选按钮，单击"确定"按钮关闭对话框，为选区描边。单击"选择"｜"取消选择"命令取消选区，完成唇彩海报设计的制作，效果如图 13-17 所示。

图 13-16　输入其他文字　　　　图 13-17　制作的唇彩海报效果

读者可以在该实例的基础上，对制作的效果进行编辑，加入背景素材，制作出彩色唇膏招贴被悬挂在商场大楼的综合效果，如图 13-18 所示。

图 13-18　综合效果

13.2　海报设计——整形篇

本节设计一款整形医院的海报。

13.2.1　预览实例效果

本实例设计的是一款整形医院的海报，在设计色彩上采用艳丽的红色为主色调，并采用女性形体图像和白色蝴蝶图像装饰宣传单的主体画面，具有强烈的视觉冲击力；文字的不规则排版，使画面更加活泼、生动，实例效果如图 13-19 所示。

图 13-19　整形医院海报

13.2.2　制作海报主题信息

制作宣传单主题信息的具体操作步骤如下：

（1）单击"文件"|"新建"命令，新建一个"宽度"和"高度"分别为 20 厘米和 28.01 厘米、"分辨率"为 150 像素/英寸、"背景内容"为"白色"的 RGB 的模式图像文件。

（2）设置前景色为红色（RGB 颜色参考值分别为 202、0、17），单击"编辑"|"填充"命令，在"背景"图层中填充前景色，如图 13-20 所示。

图 13-20　填充背景图层

（3）单击"文件"|"打开"命令，打开两幅素材图像，并依次拖至整形医院宣传单图像文件中，然后单击"编辑"|"自由变换"命令，调整各素材图像的大小及位置，效果如图 13-21 所示。

（4）单击"文件"|"打开"命令，打开一幅素材图像，并将打开的素材图像拖至整形医院宣传单图像文件中，使用移动工具调整图像的位置，效果如图 13-22 所示。

（5）单击"图层"调板底部的"添加图层样式"下拉按钮，在弹出的下拉菜单中选择"外发光"选项，弹出"图层样式"对话框，从中设置"颜色"为白色、"大小"为 8，单击"确定"按钮，效果如图 13-23 所示。

图 13-21　移入素材图像　　　图 13-22　移入素材图像　　　图 13-23　添加图层样式

13.2.3 制作海报细节内容

制作宣传单细节内容的具体操作步骤如下：

（1）单击"图层"|"新建"|"图层"命令，新建"图层4"。选取钢笔工具，在图像窗口中绘制一条开放路径，如图13-24所示。

（2）设置前景色为绿色（RGB颜色参考值分别为8、182、22），选取画笔工具，在属性栏中单击"画笔"选项右侧的下拉按钮，弹出"画笔预设"面板，从中选择"尖角3像素"选项。

（3）单击"窗口"|"路径"命令，打开"路径"调板，单击该调板底部的"用画笔描边路径"按钮，为绘制的路径描边，效果如图13-25所示。单击该调板中的灰色空白处，隐藏路径。

（4）单击"文件"|"打开"命令，打开一幅素材图像，选取移动工具，将打开的素材图像拖至整形医院宣传单图像文件中，效果如图13-26所示。

图 13-24 绘制路径

图 13-25 描边路径

图 13-26 移入素材图像

（5）在"图层"调板中选择"图层3"，选取矩形选框工具，在图像窗口中的适当位置绘制一个矩形选区，如图13-27所示。

（6）单击"图层"|"新建"|"通过拷贝的图层"命令，复制选区中的内容并放置到新建的"图层6"中。在"图层"调板中，用鼠标右键单击"图层6"的名称，在弹出的快捷菜单中选择"清除图层样式"选项，清除该图层所应用的图层样式。在图像窗口中，按【Ctrl+T】组合键并调整图像的大小及位置，效果如图13-28所示。

（7）设置前景色为深红色（RGB颜色参考值分别为119、0、12），按【Alt+Delete】组合键为图像填充前景色，效果如图13-29所示。

（8）按【Ctrl+Alt+T】组合键，复制图像，并调整图像至合适的位置，效果如图13-30所示，按【Enter】键确认操作。

（9）按【Shift+Ctrl+Alt+T】组合键5次，再复制5个图像，效果如图13-31所示。

（10）在"图层"调板中，选中"图层6副本6"和"图层6"及其中间的所有图层，单击"图层"|"合并图层"命令，合并所有选中的图层。在图像窗口中，单击"编辑"|"变

换"|"旋转"命令，调整图像的角度（如图 13-32 所示），然后按【Enter】键确认。

图 13-27　绘制矩形选区

图 13-28　复制图像

图 13-29　填充前景色

图 13-30　复制并调整图像位置

图 13-31　重复复制图像

图 13-32　调整图像角度

（11）按【Ctrl＋Alt＋T】组合键，复制当前图层中的图像，并调整复制后的图像至合适的位置（如图 13-33 所示），然后按【Enter】键确认操作。

（12）按【Shift+Ctrl+Alt+T】组合键 5 次，将当前图像复制 5 个副本，效果如图 13-34 所示。

（13）在"图层"调板中，选中"图层 6 副本 12"和"图层 6 副本 6"及其中间的所有图层，单击"图层"|"合并图层"命令，合并所有处于选中状态的图层，并设置合并后图层的"不透明度"为 60%，选取移动工具调整图像的位置，效果如图 13-35 所示。

（14）在"图层"调板中拖曳"图层 6 副本 12"至"背景"图层的上方，选取横排文字工具，在图像窗口中输入所需文字，并按【Ctrl＋T】组合键调整文字的角度。至此，整形海报效果制作完成，效果如图 13-36 所示。

读者可以在该实例的基础上，对制作的图像进行加工，制作宣传单放大至广告箱尺寸的综合效果，如图 13-37 所示。

图 13-33　复制并调整图像位置

图 13-34　复制图像

图 13-35　合并图层并调整位置

图 13-36　制作的整形海报效果

图 13-37　综合效果

13.3　海报设计——金质手表篇

本节制作一幅手表的海报招贴。

13.3.1　预览实例效果

　　本实例设计的是一款金质手表招贴，在设计色彩上采用深蓝色为主色调，并将夜景图像和质感手表图像作为招贴的主体画面，从而形成强烈的视觉冲击力；另外，文字的点缀使画面构图均衡而不失生动，实例效果如图 13-38 所示。

图 13-38 金质手表海报

13.3.2 制作金质手表招贴版式效果

制作金质手表招贴版式效果的具体操作步骤如下：

（1）单击"文件"｜"新建"命令，新建一个"宽度"和"高度"分别为 800 像素和 502 像素、"分辨率"为 300 像素/英寸、"背景内容"为"白色"的 RGB 模式的图像文件。

（2）设置前景色为红色（RGB 颜色参考值分别为 27、31、58），单击"编辑"｜"填充"命令，在"背景"图层中填充前景色，如图 13-39 所示。

（3）单击"文件"｜"打开"命令，打开一幅素材图像，效果如图 13-40 所示。

图 13-39 填充背景图层   图 13-40 素材图像

（4）使用移动工具，将素材图像移至金质手表招贴图像文件中，此时"图层"调板中将自动生成"图层 1"。单击"编辑"｜"变换"｜"缩放"命令，缩放图像并放至合适的位置，效果如图 13-41 所示。

（5）单击"文件"｜"打开"命令，打开另外三幅素材图像，并将其移至金质手表招贴图像文件中。此时，"图层"调板中将自动生成"图层 2"、"图层 3"和"图层 4"。单击"编辑"｜"变换"｜"缩放"命令，分别缩小 3 幅素材图像并放置于合适的位置，效果如图 13-42 所示。

图 13-41 移入素材图像并调整其大小及位置   图 13-42 移入素材图像并调整其大小及位置

13.3.3 制作文字效果

制作文字效果的具体操作步骤如下：

（1）选取横排文字工具，在属性栏中设置字体为"文鼎特粗圆简"、字号为 3.92 点，在图像窗口的合适位置单击鼠标左键，然后输入相应的文字及字符，效果如图 13-43 所示。

（2）在图像窗口中输入 Sport，选中该英文字母并单击"窗口"｜"字符"命令，在弹出的"字符"调板中设置字体为 Arial Black，字号为 11.53 点、字距为 120。选取移动工具，调整文字的位置，效果如图 13-44 所示。

图 13-43　输入文字

图 13-44　输入英文并调整位置

（3）单击"图层"｜"文字"｜"创建工作路径"命令，将文字转换为路径。单击"图层"｜"隐藏图层"命令，隐藏该文字图层。选取直接选择工具，调整路径形状，效果如图 13-45 所示。

（4）单击路径调板底部的"将路径作为选区载入"按钮，将路径转换为选区。新建"图层 5"，设置前景色为白色，单击"编辑"｜"填充"命令，填充前景色。单击"选择"｜"取消选择"命令，取消选区，完成金质手表海报的制作，效果如图 13-46 所示。

图 13-45　将文字转换为路径并调整其形状

读者可以在该实例的基础上，配合提供的素材图像，制作出金质手表招贴悬挂在商场大楼的广告效果，如图 13-47 所示。

图 13-46　制作的手表海报效果

图 13-47　综合效果

第 *14* 章 杂志广告

杂志广告是以杂志版面为载体的广告形式，因为杂志具有特定的阅读群体，且具有适应面广、广告有效周期长、印刷精美、图文并茂和商业性强等特点，所以是一块非常重要的广告宣传"阵地"，也因此受到商家的重视。

14.1 杂志广告——粉底霜

本节将制作一个粉底霜化妆品广告的效果图。

14.1.1 预览实例效果

本实例设计的是一款粉底霜产品杂志广告，其画面以淡雅的粉红色系为主色彩，体现了产品的清新与高雅；将人物融合在绿色的背景中，并以古典花纹和广告语来衬托，使得整体构图活泼、大方，实例效果如图 14-1 所示。

图 14-1　粉底霜产品杂志广告

14.1.2 制作粉底霜广告整体效果

制作粉底霜广告整体效果的具体操作步骤如下：

（1）单击"文件"|"新建"命令，新建一个"宽度"和"高度"分别为 24.99 厘米和 16.66 厘米、"分辨率"为 150 像素/英寸、"背景内容"为"白色"的 RGB 模式的图像文件。

（2）选取渐变工具，在工具属性栏中单击"线性渐变"按钮，并单击"点按可编辑渐变"色块，弹出"渐变编辑器"窗口。在该窗口的"预设"选项区中选择"黑色、白色"选项，并设置下方左侧的色标颜色为粉色（RGB 颜色参考值分别为 243、202、223），单击"确定"按钮。

（3）在图像窗口中按住鼠标左键并从上至下拖动鼠标，为"背景"图层填充渐变色，效果如图 14-2 所示。

（4）选取矩形选框工具，在图像窗口中的合适位置绘制一个矩形选区，设置前景色为粉色（RGB 颜色参考值分别为 245、202、222）。新建"图层 1"，单击"编辑"|"填充"命令，对选区填充前景色，单击"选择"|"取消选择"命令，取消选区，效果如图 14-3 所示。

（5）选取钢笔工具，在图像窗口中的合适位置绘制一条闭合路径，如图 14-4 所示。按【Ctrl＋Enter】组合键，将路径转换为选区。

（6）单击"图层"|"新建"|"图层"命令，新建"图层 2"。设置前景色为绿色（RGB 颜色参考值分别为 180、210、125），单击"编辑"|"填充"命令，对选区填充前景。单击"选择"|"取消选择"命令，取消选区，效果如图 14-5 所示。

图 14-2　为"背景"图层填充渐变色

图 14-3　填充并取消选区

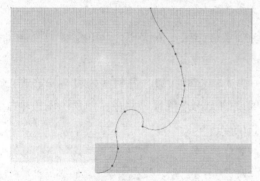

图 14-4　绘制路径

图 14-5　填充并取消选区

（7）设置前景色为白色，单击"图层"|"新建"|"图层"命令，新建"图层 3"。选取画笔工具，单击属性栏中"画笔"选项右侧的下拉按钮，在弹出的"画笔预设"面板中选择"柔角 200 像素"选项，在图像窗口所需的位置进行涂抹，效果如图 14-6 所示。在"图层"调板中设置该图层的"不透明度"为 40%。

（8）单击"文件"|"打开"命令，打开一幅素材图像，选取移动工具，将素材图像拖至粉底霜产品广告文件窗口中，如图 14-7 所示。

（9）拖曳"图层 4"至"图层"调板底部的"创建新图层"按钮上，复制该图层，得到"图层 4 副本"图层，在图像窗口中调整副本图像的位置和大小，效果如图 14-8 所示。

（10）多次复制"图层 4 副本"，复制出"图层 4 副本 2"～"图层 4 副本 6"图层。在图像窗口中，分别调整副本图像的位置和大小，效果如图 14-9 所示。

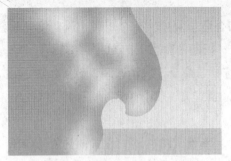

图 14-6　使用画笔工具涂抹图像

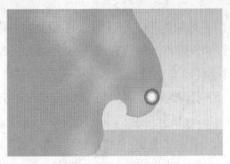

图 14-7　移入素材图像

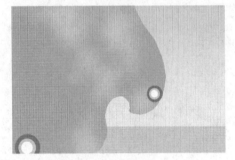

图 14-8　复制图像

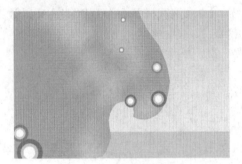

图 14-9　重复复制图像

14.1.3　制作粉底霜广告信息

制作粉底霜广告信息的具体操作步骤如下：

（1）单击"文件"|"打开"命令，打开 3 幅素材图像，依次将打开的素材图像拖曳至粉底霜产品广告图像窗口中，如图 14-10 所示。

（2）单击"文件"|"打开"命令，打开一幅人物素材图像，并将其拖曳至粉底霜产品广告图像窗口中，按【Ctrl＋T】组合键，调整图像的大小及位置，并在"图层"调板中拖曳"图层 8"至"图层 2"的上方，效果如图 14-11 所示。

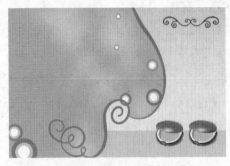

图 14-10　移入 3 幅素材图像

图 14-11　移入人物素材图像并调整图层顺序

（3）单击"图像"|"调整"|"亮度/对比度"命令，弹出"亮度/对比度"对话框，从中设置"亮度"为 2、"对比度"为 17，如图 14-12 所示。

（4）单击"确定"按钮，调整人物素材图像的色彩亮度和对比度，效果如图 14-13 所示。

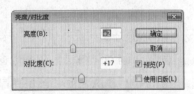

图 14-12　"亮度/对比度"对话框

（5）选取横排文字工具，单击"窗口"｜"字符"命令，打开"字符"调板，从中设置字体为"黑体"、字号为 40.19 点、字距为 60、颜色为黑色。在图像窗口中输入所需文字，效果如图 14-14 所示。

図 14-13　调整效果　　　　　　　　　図 14-14　输入文字

（6）单击"图层"调板底部的"添加图层样式"下拉按钮，在弹出的下拉菜单中选择"描边"选项，弹出"图层样式"对话框，从中设置"大小"为 4、"颜色"为褐色（RGB 颜色参考值分别为 206、124、91），单击"确定"按钮，为文字描边，效果如图 14-15 所示。

（7）使用横排文字工具，在图像窗口中的适当位置输入相应的文字，并设置字体为"幼圆"、字号为 10.5 点、行距为 18px，效果如图 14-16 所示。

図 14-15　描边文字　　　　　　　　　図 14-16　输入文字

（8）用同样的方法输入其他所需的文字，并设置字体、字号及行距。至此，粉底霜化妆品广告制作完成，效果如图 14-17 所示。

读者可以在该实例的基础上，对制作的图像效果进行排版，制作出该实例广告印制在杂志上的综合效果，如图 14-18 所示。

図 14-17　输入其他文字　　　　　　　図 14-18　综合效果

14.2　杂志广告——婚纱照 ⇒

本节制作婚纱照的杂志宣传广告。

14.2.1　预览实例效果

本实例设计的是一款婚纱影楼的杂志广告，色彩设计上采用了浪漫的紫色为主色调，排版构图活泼，广告语生动、简洁，从而体现了该杂志广告的时效性，实例效果如图 14-19 所示。

图 14-19　婚纱照杂志宣传广告

14.2.2　制作广告整体效果

制作广告整体效果的具体操作步骤如下：

（1）单击"文件"|"新建"命令，新建一个"宽度"和"高度"分别为 20 厘米和 30 厘米、"分辨率"为 150 像素/英寸、"背景内容"为"白色"的 RGB 模式的图像文件。

（2）选取渐变工具，单击属性栏中的"线性渐变"按钮，并单击"点按可编辑渐变"色块，弹出"渐变编辑器"窗口，在该窗口的"预设"选项区中选择"黑色、白色"选项，设置其下方从左至右的色标颜色依次为白色和天蓝色（RGB 颜色参考值分别为 66、100、165），然后单击"确定"按钮关闭窗口。

图 14-20　填充渐变色

（3）在图像窗口中按住鼠标左键并从上至下拖曳鼠标，为"背景"图层填充渐变颜色，如图 14-20 所示。

（4）设置前景色为橙色（RGB 颜色参考值分别为 249、147、0），单击"图层"|"新建"|"图层"命令，新建"图层 1"。选取矩形选框工具，在图像窗口中绘制一个矩形选区，单击"编辑"|"填充"命令，为选区填充前景色，单击"选择"|"取消选择"命令取消选区，效果如图 14-21 所示。

（5）用同样的方法，制作另外两个矩形图像，效果如图 14-22 所示。

（6）单击"文件"丨"打开"命令，打开一幅素材图像，选取移动工具，将打开的素材图像拖至婚纱照杂志宣传广告图像窗口中，效果如图 14-23 所示。

图 14-21　填充并取消选区

图 14-22　制作的矩形图像

图 14-23　移入素材图像

（7）单击"图层"丨"新建"丨"图层"命令，新建"图层 5"。在"图层"调板中，按住【Ctrl】键的同时，在"图层 4"的缩略图上单击鼠标左键，载入其选区。单击"选择"丨"修改"丨"羽化"命令，弹出"羽化选区"对话框，从中设置"羽化半径"为 15，单击"确定"按钮，羽化选区。

（8）设置前景色为黑色，单击"编辑"丨"填充"命令，对选区填充前景色，单击"选择"丨"取消选择"命令取消选区，效果如图 14-24 所示。

（9）在"图层"调板中，拖曳"图层 5"至"图层 4"的下方，设置"图层 5"的"混合模式"为"正片叠底"，并使用移动工具调整"图层 5"中图像的位置，效果如图 14-25 所示。

（10）用同样的方法，打开一幅相应的素材图像并添加投影，效果如图 14-26 所示。

图 14-24　填充颜色后的图像效果

图 14-25　设置图层混合效果

图 14-26　移入素材图像并制作投影效果

14.2.3　制作广告局部效果

制作广告局部效果的具体操作步骤如下：

（1）设置前景色为白色，单击"图层"丨"新建"丨"图层"命令，在所有图层的上方新建"图层 8"。选取椭圆选框工具，在图像窗口中的合适位置绘制一个正圆形选区，单击"编辑"丨"填充"命令，对选区填充前景色，效果如图 14-27 所示。

（2）拖曳"图层8"至"图层"调板底部的"创建新图层"按钮上，复制出"图层8副本"图层。设置前景色为橙色（RGB 颜色参考值分别为255、209、0），按【Alt＋Delete】组合键，为"图层8副本"图层中的图像填充前景色。按【Ctrl＋D】组合键，取消选区，选取移动工具，在图像窗口中调整该图像的位置，效果如图 14-28 所示。

（3）用同样的方法，制作出另一组正圆图像，效果如图 14-29 所示。

图 14-27　绘制正圆　　　　图 14-28　复制图像并填充颜色　　图 14-29　制作的正圆图像效果

（4）在"图层"调板中，选择"背景"图层。单击"文件"|"打开"命令，打开一幅素材图像，使用移动工具，将该素材图像拖至婚纱照杂志宣传广告图像窗口中，效果如图 14-30 所示。此时，"图层"调板中将自动生成"图层10"。

（5）在"图层"调板中单击"图层9副本"图层。选取直排文字工具，单击"窗口"|"字符"命令，打开"字符"调板，从中设置字体为"幼圆"、字号为92.78点、字距为5、颜色为白色，然后在图像窗口中输入文字，如图 14-31 所示。

（6）用同样的方法，输入其他相应的直排文字，并设置字体、字号及字距等，效果如图 14-32 所示。

图 14-30　移入素材图像　　　　图 14-31　输入文字　　　　图 14-32　输入其他文字

（7）选择"婚纱照"文字图层，单击"图层"调板底部的"添加图层样式"按钮，在弹出的下拉菜单中选择"渐变叠加"选项，弹出"图层样式"对话框。从中单击"点按可编辑渐变"色块，弹出"渐变编辑器"窗口，在该窗口中单击"预设"选项区右上角的▶按钮，并在弹出的下拉菜单中选择"蜡笔"选项,弹出提示信息框,单击"追加"按钮,返回"渐变编辑器"窗口。在"预设"选项区选择"绿色、黄色、橙色"选项,单击"确定"按钮,效果如图 14-33 所示。

(8)选取横排文字工具,在图像窗口中输入相应的文字,并设置其字体为"创艺简粗黑"、字号为 30.72 点、字距为 5、颜色为红色(RGB 颜色参考值分别为 240、0、130)。按【Ctrl+T】组合键,调整文字的角度,效果如图 14-34 所示。

(9)用同样的方法输入其他所需的文字,并设置文字的字体、字号、字距等,完成婚纱照杂志宣传广告的制作,效果如图 14-35 所示。

图 14-33 渐变叠加

图 14-34 输入文字

图 14-35 输入其他文字

读者可以在该实例的基础上,对制作的图像效果进行排版,制作出该实例应用于杂志上的综合效果,如图 14-36 所示。

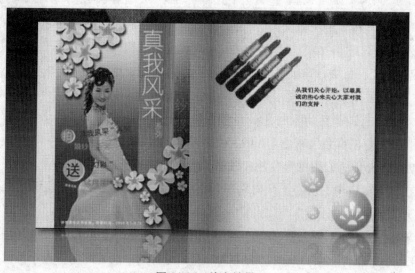

图 14-36 综合效果

14.3 杂志广告——数码摄像机

本实例制作数码摄像机的杂志广告。

14.3.1 预览实例效果

本实例设计的是一款数码摄像机的杂志广告，设计中采用了直接展示的表现手法，该广告画面大气、醒目，传达出热爱生活、享受生活的信息；设计色彩上采用了淡紫色为主色调，并配以详细的广告文字，使得整幅画面整齐简洁，效果如图 14-37 所示。

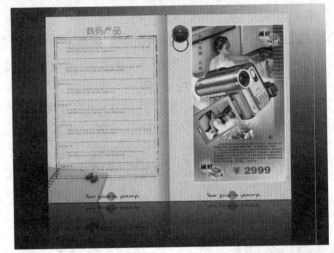

图 14-37 数码摄像机杂志广告

14.3.2 制作广告版式效果

制作广告版式效果的具体操作步骤如下：

（1）单击"文件"|"新建"命令，新建一个"宽度"和"高度"分别为 15 厘米和 25 厘米、"分辨率"为 150 像素/英寸、"背景内容"为"白色"的 RGB 模式的图像文件。

（2）选取渐变工具，单击属性栏中的"径向渐变"按钮，再单击"点按可编辑渐变"色块，弹出"渐变编辑器"窗口。在"预设"选项区中选择"黑色、白色"选项，并设置 0%位置处色标的颜色为黑色、50%位置处色标的颜色为蓝色（RGB 颜色参考值分别为 28、51、134）、75%位置色标的颜色为紫色（RGB 颜色参考值分别为 134、126、179）、100%位置处色标的颜色为白色，单击"确定"按钮。

图 14-38 填充渐变色

（3）在图像窗口中，从左上角向右下角拖曳鼠标，为"背景"图层填充渐变颜色，效果如图 14-38 所示。

（4）单击"文件"|"打开"命令，打开一幅素材图像，选取移动工具，将素材图像拖至数码摄像机杂志广告图像窗口中。按【Ctrl＋T】组合键，调整图像的大小及位置，效果如图 14-39 所示。

（5）单击"文件"|"打开"命令，打开另一幅素材图像，使用移动工具，将素材图像拖至数码摄像机杂志广告图像窗口中，效果如图 14-40 所示。

（6）单击"图层"调板底部的"添加图层样式"下拉按钮，在弹出的下拉菜单中选择

"外发光"选项，弹出"图层样式"对话框，从中设置发光颜色为白色、"大小"为250，单击"确定"按钮，效果如图 14-41 所示。

图 14-39　移入素材图像 1　　　　图 14-40　移入素材图像 2　　　　图 14-41　添加图层样式效果

（7）选取钢笔工具，在图像窗口中绘制一条闭合路径（如图 14-42 所示），按【Ctrl＋Enter】组合键，将路径转换为选区。

（8）单击"图层"｜"新建"｜"通过拷贝的图层"命令，复制出一个新图层"图层 3"。在"图层"调板中，用鼠标右键单击"图层 3"的图层名称，在弹出的下拉菜单中选择"清除图层样式"选项，删除副本图层的图层样式。

（9）在"图层"调板中，拖曳"图层 1"至调板底部的"创建新图层"按钮上，复制出"图层 1 副本"图层。拖曳"图层 1 副本"图层至"图层 3"的上方，在图像窗口中按【Ctrl+T】组合键，调整图层副本中图像的大小、位置及角度，如图 14-43 所示。

（10）单击"图层"｜"创建剪贴蒙版"命令，为"图层 1 副本"图层创建一个剪贴蒙版，效果如图 14-44 所示。

图 14-42　绘制路径　　　　图 14-43　复制图层并调整图像　　　　图 14-44　创建剪贴蒙版

14.3.3 制作广告局部效果

制作广告局部效果的具体操作步骤如下：

（1）单击"图层"|"新建"|"图层"命令，新建"图层4"。选取圆角矩形工具，在属性栏中设置"半径"为100px，在图像窗口中的适当位置绘制一个圆角矩形路径，如图14-45所示。

（2）设置前景色为白色，选取画笔工具，单击属性栏中"画笔"选项右侧的下拉按钮，弹出"画笔预设"面板，从中选择"尖角3像素"选项。单击"路径"调板底部的"用画笔描边路径"按钮，利用设置的画笔为路径描边，按【Ctrl+Enter】组合键，将路径转换为选区，效果如图14-46所示。

（3）单击"图层"|"新建"|"图层"命令，新建"图层5"。设置前景色为白色，单击"编辑"|"填充"命令，为选区填充前景色，并在"图层"调板中设置该图层的"不透明度"为15%。单击"选择"|"取消选择"命令取消选区，效果如图14-47所示。

 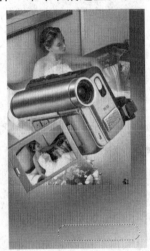 

图 14-45　绘制圆角矩形路径　　图 14-46　描边路径并转换为选区　　图 14-47　填充并取消选区

（4）单击"文件"|"打开"命令，打开一幅素材图像，选取移动工具，将素材图像拖至数码摄像机杂志广告图像文件的合适位置，效果如图14-48所示。

（5）在"图层"调板中选中"图层1副本"图层，按住【Ctrl】键的同时选中"图层3"及"图层2"，拖曳选中的图层至调板底部的"创建新图层"按钮上，复制所选图层。单击"图层"|"合并图层"命令，将复制的图层合并为"图层1副本2"图层。

（6）在"图层"调板中，调整"图层1副本2"图层至"图层6"的上方。在图像窗口中按【Ctrl+T】组合键，调整"图层1副本2"图层和"图层6"中图像的大小、位置及角度，效果如图14-49所示。

（7）在"图层"调板中，拖曳"图层1副本2"图层和"图层6"至调板底部的"创建新图层"按钮上，复制图层。在图像窗口中使用移动工具，调整经复制后所得到的图层中图像的位置，效果如图14-50所示。

图 14-48　移入素材图像　　　图 14-49　调整图像大小位置及角度　　　图 14-50　复制并调整图像位置

（8）选取矩形选框工具，在图像窗口的合适位置创建一个矩形选区，设置前景色为白色。单击"图层"|"新建"|"图层"命令，新建"图层 7"。单击"编辑"|"填充"命令，为选区填充前景色，单击"选择"|"取消选择"命令取消选区，效果如图 14-51 所示。

（9）按【Ctrl＋Alt＋T】组合键，复制图像，并按键盘上的方向键调整图像至合适位置。

（10）按【Shift＋Ctrl＋Alt＋T】组合键 13 次，复制矩形图像，效果如图 14-52 所示效果如图 14-53 所示。

图 14-51　绘制矩形　　　图 14-52　复制多个矩形　　　图 14-53　调整图层顺序

（11）在"图层"调板中，选中"图层 7 副本 14"和"图层 7"及其中间的所有图层，然后单击"图层"|"合并图层"命令，合并选中的图层为"图层 7 副本 14"图层，并设置该图层的"不透明度"为 24%。拖曳"图层 7 副本 14"图层至"背景"图层的上方，效果如图 14-54 所示。

（12）选取横排文字工具，单击"窗口"|"字符"命令，打开"字符"调板，从中设置字体为"方正超粗黑简体"、字号为 43.34 点、字距为-320、颜色为红色（RGB 颜色参考

值分别为 239、0、0），在图像窗口中所有图层的上方输入文字。

（13）使用横排文字工具在图像窗口中输入文字，并设置字体为"黑体"、字号为 9 点、字距为 100、颜色为黑色、行距为 13px，效果如图 14-55 所示。

（14）选取直排文字工具，在图像窗口中输入文字，并设置字号为 17 点、字距为 500、颜色为白色，效果如图 14-56 所示。

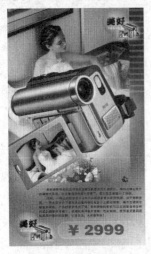 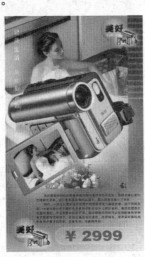 

图 14-54　输入其他文字　　　　图 14-55　输入文字　　　图 14-56　数码摄像机杂志广告效果

（15）单击"图层"调板底部的"添加图层样式"按钮，在弹出的下拉菜单中选择"描边"选项，弹出"图层样式"对话框。从中设置"大小"为 2、"颜色"为黑色，单击"确定"按钮，添加描边效果，完成数码摄像机杂志广告的制作，效果如图 14-58 所示。

读者可以在该实例的基础上，对制作的图像效果进行排版，并添加素材图像，制作出数码摄像机杂志广告在杂志上的综合效果，如图 14-57 所示。

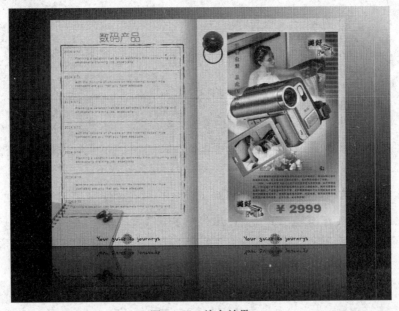

图 14-57　综合效果

第 *15* 章 房地产广告

随着当前经济的飞速发展和房地产行业的持续升温，房地产广告已经成为平面广告设计中重要的项目之一。在进行房地产广告设计时，要从图像、文字、颜色和版式 4 个方面来进行设计。本章将通过 3 个实例，从多个版式和视觉角度全面讲解房地产广告的创意、设计技巧和制作流程。

15.1 房地产广告——上下型

本节将制作上下型房地产广告。

15.1.1 预览实例效果

本实例设计的是一则版式为上下型的房地产广告。整幅画面设计紧凑、布局合理，引发消费者对自由的向往，使得该广告更具感染力，实例效果如图 15-1 所示。

图 15-1 上下型房地产广告

15.1.2 广告版式效果

制作广告版式效果的具体操作步骤如下：

（1）单击"文件"|"新建"命令，新建一个"宽度"和"高度"分别为 20.02 厘米和 12.7 厘米、"分辨率"为 300 像素/英寸、"背景内容"为"白色"的 RGB 模式的图像文件。

（2）设置前景色为淡紫色（RGB 颜色参考值分别为 214、222、255），单击"编辑"|"填充"命令，为"背景"图层填充前景色。

（3）单击"文件"|"打开"命令，打开一幅素材图像，如图 15-2 所示。使用移动工具将该素材图像移至房地产广告图像窗口中（此时"图层"调板中将自动创建"图层 1"），并调整图像的大小和位置，效果如图 15-3 所示。

图 15-2 素材图像

图 15-3 移入图像并调整其大小

（4）单击"文件"|"打开"命令，打开一幅素材图像，如图 15-4 所示。

（5）移动素材图像至房地产广告图像窗口中，此时在"图层"调板中将自动创建"图层 2"。单击"编辑"|"变换"|"缩放"命令，在按住【Alt＋Shift】组合键的同时，利用鼠标拖动自由变形框，按【Enter】键确认操作，得到缩小后的图像，效果如图 15-5 所示。

图 15-4 素材图像

图 15-5 移入并缩小图像

（6）选取工具箱中的矩形选框工具，在图像中绘制一个矩形选区。新建"图层 3"，在选区中填充白色，单击"选择"|"取消选择"命令取消选区，效果如图 15-6 所示。

（7）单击"图层"|"复制图层"命令，复制矩形图像，并得到"图层 3 副本"图层。单击"编辑"|"变换"|"旋转 90 度（顺时针）"，旋转图像，单击"编辑"|"变换"|"缩放"命令缩小图像，并将其移至合适的位置，按【Enter】键确认操作，得到变换后的图像，效果如图 15-7 所示。

图 15-6 填充并取消选区

图 15-7 复制并旋转矩形图像

（8）用同样的方法再复制两个矩形图像，并将其缩小放至合适的位置。选择"图层3"，在按住【Shift】键的同时单击"图层3 副本3"图层，选中"图层3"～"图层3 副本3"图层，单击"图层"|"合并图层"命令合并选中图层，并将其重命名为"图层3"，效果如图15-8 所示。

（9）新建"图层4"，选取工具箱中的椭圆选框工具，按住【Alt＋Shift】组合键，在图像窗口中的合适位置绘制一个正圆形选区，单击"编辑"|"描边"命令，弹出"描边"对话框，从中设置"颜色"为浅蓝色（RGB 颜色参考值分别为0、162、255）、"宽度"为2px、"位置"为"居中"，单击"确定"按钮，为选区描边，并在该选区中填充白色。单击"选择"|"取消选择"命令，取消选区，效果如图15-9 所示。

图15-8 复制多个矩形

图15-9 描边选区

15.1.3 制作文字内容

制作文字内容的具体操作步骤如下：

（1）选取工具箱中的横排文字工具，在属性栏中设置字体为"黑体"、字号为17 点、文本颜色为黑色，并单击"显示/隐藏字符和段落调板"按钮，显示"字符"调板，从中设置行距为20px、字距为100，如图15-10 所示。

（2）在房地产广告图像文件中合适的位置单击鼠标左键，输入所需文字，按小键盘上的【Enter】键确认输入，如图15-11 所示。

图15-10 "字符"调板

图15-11 输入文字

（3）在图像窗口中的合适位置按住鼠标左键并拖动鼠标，至合适位置后释放鼠标，此时，图像窗口中将出现一个段落文本框，效果如图15-12 所示。

（4）在"字符"调板中设置字体为"黑体"、字号为11 点，在图像窗口中输入其他所

需的文字，按小键盘上的【Enter】键，确认文字的输入。在"字符"调板中设置字距为 160，
效果如图 15-13 所示。

图 15-12　拖曳出文本框

图 15-13　输入段落文本

（5）选取工具箱中的直排文字工具，在图像窗口中输入所需的文字，按小键盘上的
【Enter】键确认。在"字符"调板中设置所输入的文字字符为 8、文本颜色为白色，并使用
移动工具调整文字的位置，效果如图 15-14 所示。

（6）用同样的方法输入其他文字，效果如图 15-15 所示。

图 15-14　输入直排文字

图 15-15　输入其他直排文字

（7）选取工具箱中的横排文字工具，在图像窗口中输入相应的文字，选中输入的文字，
在"字符"调板中设置字号为 10 点，效果如图 15-16 所示。

（8）用同样的方法输入其他横排文字，完成房地产广告的制作，最终效果如图 15-17
所示。

图 15-16　输入横排文字

图 15-17　制作的房地产广告效果

15.2　房地产广告——上中下型 →

本节将制作上中下型房地产广告。

15.2.1　预览实例效果

本实例设计的是一则上中下型版式的房地产广告，整个画面以深绿色为主色调，通过文字的编排和组合产生强烈的视觉效果，以表达产品内在的气质，效果如图 15-18 所示。

图 15-18　上中下型房地产广告

15.2.2　广告版式效果

制作广告版式效果的具体操作步骤如下：

（1）单击"文件"|"新建"命令，新建一个"宽度"和"高度"分别为 25 厘米和 17 厘米、"分辨率"为 200 像素/英寸、"背景内容"为"白色"的 RGB 模式的图像文件。

（2）设置前景色为绿色（RGB 颜色参考值分别为 72、106、0），单击"编辑"|"填充"命令，为"背景"图层填充前景色，效果如图 15-19 所示。

（3）单击"文件"|"打开"命令，打开一幅素材图像，效果如图 15-20 所示。

图 15-19　填充前景色

图 15-20　素材图像

（4）选取工具箱中的移动工具，将素材图像移至房地产广告图像窗口中，此时"图层"调板中将自动创建"图层 1"。单击"编辑"|"变换"|"缩放"命令，缩放图像并移至合适位置，效果如图 15-21 所示。

（5）选取工具箱中的矩形选框工具，在图像窗口中的合适位置创建一个矩形选区，效果如图 15-22 所示。

图 15-21　移入并缩放图像

图 15-22　创建矩形选区

　　(6) 设置前景色为黑色，选择"背景"图层，单击"图层"调板底部的"创建新图层"按钮，新建"图层 2"。单击"编辑"|"填充"命令，在"图层 2"中为矩形选区填充前景色。单击"选择"|"取消选择"命令取消选区，效果如图 15-23 所示。

　　(7) 选择"图层 1"，单击"文件"|"打开"命令，打开 3 幅素材图像。选取工具箱中的移动工具，将 3 幅素材图像都移至房地产广告图像文件中，此时，"图层"调板中将自动创建"图层 3"、"图层 4"和"图层 5"，分别单击"编辑"|"变换"|"缩放"命令，缩小各素材图像并移至合适的位置，效果如图 15-24 所示。

图 15-23　填充并取消选区

图 15-24　移入并缩小图像

　　(8) 选择"图层 1"，单击"图像"|"调整"|"照片滤镜"命令，弹出"照片滤镜"对话框，如图 15-25 所示。

　　(9) 在该对话框中保持默认的参数设置，单击"确定"按钮，得到应用照片滤镜后的图像，效果如图 15-26 所示。

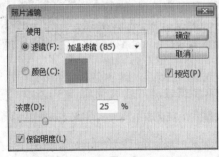
图 15-25　"照片滤镜"对话框

图 15-26　应用照片滤镜后的效果

15.2.3　制作文字内容

制作文字内容的具体操作步骤如下：

（1）选取工具箱中的横排文字工具，在属性栏中设置字体为"黑体"、字号为 40 点、文本颜色为黄色（RGB 颜色参考值分别为 183、170、0），在图像窗口中适当位置单击鼠标左键，输入文字"纯静。"，效果如图 15-27 所示。

（2）用同样的方法，在图像窗口中的其他位置输入所需的文字，完成房地产广告的制作，效果如图 15-28 所示。

图 15-27　输入文字

图 15-28　制作的房地产广告效果

15.3　房地产广告——散点型

本节将制作散点型房地产广告。

15.3.1　预览实例效果

本实例设计的是一则版式为散点型的房地产广告，整个图像采用了楼体的正面图像，画面真实，极具感染力；并以充满大自然气息的社区环境来表现建筑的特色，实例效果如图 15-29 所示。

图 15-29　散点型房地产广告

15.3.2 广告版式效果

制作广告版式效果的具体操作步骤如下：

（1）单击"文件"I"新建"命令，新建一个"宽度"和"高度"分别为 980 像素和 610 像素、"分辨率"为 300 像素/英寸、"背景内容"为"白色"的 RGB 模式的图像文件。

（2）选取工具箱中的渐变工具，并在"渐变编辑器"窗口中设置 0%位置处色标的颜色为浅绿色（RGB 颜色参考值分别为 88、136、138）、38%位置处色标的颜色为白色、100%位置处色标的颜色为灰色（RGB 颜色参考值均为 170），在图像窗口中按住鼠标左键并从上向下拖动鼠标，渐变填充图像。

（3）单击"文件"I"打开"命令，打开一幅素材图像，如图 15-30 所示。

（4）选取工具箱中的移动工具，将素材图像移至房地产广告图像文件中，此时，"图层"调板中将自动创建"图层 1"。单击"编辑"I"变换"I"缩放"命令，缩小图像并放至合适位置，效果如图 15-31 所示。

图 15-30 打开的素材图像　　　　　　图 15-31 移入并缩小图像

（5）选取工具箱中的矩形选框工具，在图像窗口中的合适位置创建一个矩形选区。

（6）设置前景色为白色，新建"图层 2"，单击"编辑"I"填充"命令，在新图层中为矩形选区填充前景色，单击"选择"I"取消选择"命令，取消选区，效果如图 15-32 所示。

（7）新建"图层 3"，用同样的方法，在白色图像区域中绘制两个灰色矩形，效果如图 15-33 所示。

图 15-32 填充并取消选区　　　　　　图 15-33 绘制多个矩形

（8）单击"文件"I"打开"命令，打开两幅素材图像，如图 15-34 所示。

素材图像 1

素材图像 2

图 15-34　素材图像

（9）选取工具箱中的移动工具，将两幅素材图像移至房地产广告图像文件中，单击"编辑"|"变换"|"缩放"命令，分别缩小各素材图像并放至合适位置，效果如图 15-35 所示。

15.3.3　制作文字内容

制作文字内容的具体操作步骤如下：

图 15-35　移入并缩小图像

（1）选取工具箱中的横排文字工具，在属性栏中设置字体为"黑体"、字号为 9.61 点、文本颜色为黑色。在图像窗口中所有图像的上方输入所需文字，按小键盘上的【Enter】键确认输入，效果如图 15-36 所示。

（2）用同样的方法在图片右侧输入文字，按小键盘上的【Enter】键确认，并在属性栏中设置其字号为 6.14 点，文本颜色为绿灰色（RGB 颜色参考为 135、142、142）。

（3）在图像窗口下方输入所需的文字，并在属性栏中设置字体为 Showcard Gothic、英文的字号为 5 点、数字的字号为 13.54 点、文本的颜色为黑色，按小键盘上的【Enter】键确认操作。

（4）用同样的方法输入其他文字，完成房地产广告的制作，效果如图 15-37 所示

图 15-36　输入文字

图 15-37　制作的房地产广告效果

附 录 习题参考答案

第1章

一、填空题

1. PSD
2. 制作网页效果　制作平面广告
3. JPEG　PSD

二、简答题（略）

三、上机题（略）

第2章

一、填空题

1. 椭圆选框工具　矩形选框工具
2. 魔棒
3. 磁性套索

二、简答题（略）

三、上机题（略）

第3章

一、填空题

1. 修复画笔工具　修补工具
2. 减淡工具　加深工具
3. 图案图章工具　仿制图章工具

二、简答题（略）

三、上机题（略）

第4章

一、填空题

1. 曲线　2. 反相　3. 渐变映射

二、简答题（略）

三、上机题（略）

第5章

一、填空题

1. 填充图层
2. 横排文字蒙版工具　直排文字蒙版工具
3. 【Ctrl＋Shift＋N】

二、简答题（略）

三、上机题（略）

第6章

一、填空题

1. 删除锚点
2. 椭圆
3. 路径选择

二、简答题（略）

三、上机题（略）

第7章

一、填空题

1. 分离通道　2. 图层蒙版
3. 液化

二、简答题（略）

三、上机题（略）